1922年、訪日直前の頃のアインシュタインとエルザ夫人

Über Die Spezielle
und Die Allgemeine
Relativitätstheorie

VON ALBERT EINSTEIN

特殊および一般
相対性理論について

アルバート・アインシュタイン 著　金子 務 訳

白揚社

ÜBER
DIE SPEZIELLE UND DIE ALLGEMEINE
RELATIVITÄTSTHEORIE

von

ALBERT EINSTEIN

まえがき

この小さな書物は相対性理論について、広く科学的、哲学的見地から興味をいだいているような人々に、理論物理学上の数学的道具*を使わないで、できるかぎり精確な洞察を与えようとするものである。本講義では、読者がおよそ高校卒業程度の教養と――短な小著ではあるが――かなりの忍耐力と意志力をもっていることを前提にしている。著者は主要な考えを実際に生起したような順序と連関で、完全に、できるだけ明晰かつ簡明に示すよう最大の努力を払った。明晰性に関心があったので、しばしばくり返しが避け難く思われた。私は、叙述を優美にすることにはちっとも顧慮しなかった。すなわち、天才的理論家L・ボルツマンの、優美にすることは靴屋と仕立屋の仕事にしておけ、という訓に心から従った。問題の根底にある難解さが読者から取り

* 特殊相対性理論の数学的基礎は、B. G. トイブナー社の双書『数理科学の進歩』(Fortschritte der mathematischen Wissenschaften)に『相対性原理』(*Das Relativitätsprinzip*)と題して H. A. ローレンツ、私、H. ミンコフスキーの原論文を集めてあるし、またM. ラウエの詳細な著作『相対性原理』(*Das Relativitätsprinzip*; Friedr. Vieweg & Sohn 刊、Braunschweig)でも見られる。一般相対性理論とそれに必要な不変式論の数学的補助手段は、著者の小冊子『一般相対性理論の基礎』(*Die Grundlagen der allgemeinen Relativitätstheorie*; Joh. Ambr. Barth, 1916)で扱われており、これは特殊相対性理論に多少精通していることを前提として書いてある。

除かれたとは信じていない。だが物理学から遠く隔たっている読者が、木だけを見て森を見ない旅人のようにならないために、この理論の経験的物理的基礎をわざと継母のように扱っている。この小さな書物が多くの人々に愉しき数刻の感興をもたらさんことを！

一九一六年十二月

A・アインシュタイン

目次

III　全体としての世界の考察

付記

I　特殊相対性理論について

第１章　幾何学の諸定理の物理学的内容

読者の皆さんが、あのいかめしいユークリッド幾何学の体系を知るようになったのは、きっと少年少女のころと思う。そしてたぶん、愛惜というよりは畏敬の念をもって思い出すことといったら、その高い階梯を数えきれない時間をかけて、誠実な専門教師の手であちこち駆り立てられたことであろう。あなたのこうした過去の体験からして、たとえその幾何学の枝葉末節にすぎない小定理であってもそれを正しくないなどというものがいたら、きっと軽蔑の眼差しでその人をみることだろう。しかし、「それなら、これらの定理が真であるという主張にはどんな意味があるのか？」と問われたら、このいかめしい確実性の感じもただちに失せてしまうのではあるまいか。われわれは、この問いをめぐって少し考えてみたいと思う。

　幾何学は、平面、点、直線というような多少はっきりした観念と結びつけられるある種の基礎概念と、それらの観念にもとづいて〈真〉と承認できるようなある種の簡明な諸定理（公理群）から出発する。したがってそれ以外の定理はすべて、妥当性を認めざるをえないような論理的方法によってその公理群に帰せられる、すなわち証明されるのである。ある定理が公理群からもっともと思われる仕方で導かれるとき、それは正しい、すなわち〈真〉なのである。幾何学の個々の定理が〈真〉かどうかを問うことは、したがって、公理群の〈真〉を問うことにほかならない。しかし長い間この問いは、幾何学の方法によっては答えられないばかりでなく、問いそれ自体が無意味である、と考えられてきた。二点を通ってただ**一本の**直線がひける、ということが真かどうかを問うことはできない。ただ、ユークリッド幾何学が〈直線〉と呼ぶ図形を取り扱い、そして直線にはその上の二点によって一義的に決定されるという性質が与えられている、としかいえないのである。〈真〉という概念は純幾何学の表現としてふさわしいものではない。というのは、〈真〉ということばでもってけっきょくは〈実在〉の対象との一致を示すのがふつうだが、幾何学は、その概念と経験の諸対象との関係ではなく、これらの概念どうしの論理的な関係を問題とするからである。

　それにもかかわらず、なぜ幾何学の諸定理を〈真〉といいたいと思うのかは、たやすく説明できる。幾何学の概念には、自然の中でも多少とも明確な対象が対応しており、こうした対象が幾何学的概念の唯一の成因になっていることは疑いないからである。しかし幾何学としては、その構造にできるかぎりの論理的一貫性を与えるためにも、そういうことは断念したほうがよい。たとえば線分というとき、**一つの**実際の剛体に印をつけた二点を見るというくせが、深くわれわれの思考習性に突きさっている。さらにわれわれの習慣では、観測位置を適当に選ぶことによって、三点の見かけの位置を片目で見通して一致させることができれば、それらは一直線上に存在する、と見なす。

　われわれの思考習性に従って、ユークリッド幾何学の諸定理に一つの定理、すなわち実際の剛体につけた二点には、たとえ剛体がどのように姿勢を変化させようとも、つねに同じ間隔（線分）が対応する、という定理を付け加えるとしよう。そうすると、ユークリッド幾何学の諸定理から、実際の剛体がとりうる相対的な位置についての諸定理が導かれるのである。* このように補足された幾何学は、したがって、物理学の一部門として扱われることになる。このように解釈された幾何学の諸定理については、いまやその〈真〉を正しく問うことができるようになったのである。なぜかといえば、われわれが幾何学の諸概念に結びつけてきた実在のそれぞれのものに、これらの定理が当てはまるかどうかを問うことができるからである。やや不正確ないい方をすれば、幾何学の一定理がその意味において〈真〉であるということは、コンパスと定規によ

*　この場合、直線にも自然の対象が結びついている。与えられた点AとCに関して、距離$\overline{AB}$と距離$\overline{BC}$の和ができるだけ小さくなるように点Bを選べば、剛体上の三点A、B、Cは一直線になる。このような不完全な示し方でも、こうした関係においては十分であろう。

る作図と一致することである。

幾何学の諸定理が、この意味において〈真〉であることを証明するには、当然のことだが、もっぱらかなり不完全な経験に頼るしかない。われわれは、第II部の考察で（一般相対性理論において）それらの真には限界があり、その限界がどの程度のものかを考えることにして、さしあたっては、幾何学の諸定理が真であることを仮定しておこう。

第2章　座標系

　距離についてこれまでに示した物理的解釈をもとにして、われわれはまた、剛体上の二点間の距離を測定によって決定できるようになった。このためには、一つの線分（棒切れS）を必要とする。それを単位測量棒として今後とも使うことにするのである。いまAとBを剛体上の二点とすれば、幾何学の法則によってこれら二点を結ぶ直線を作図できるから、その線上をAから出発してBに達するまで、線分Sを何回も動かしていくことができる。この移動回数がAB間の距離（$\overline{AB}$）の測定値である。長さの測定はすべてこれを基礎としている。*

　ある出来事なり対象なりの場所をすべて空間的に記述するには、その出来事または対象と一致する一剛体（基準体）上の点を定めることがその基礎となる。これは科学

*　ここではもちろん、その測定が端数を出さずに行なわれる、すなわち整数であると仮定している。この困難を避けるには、もっとこまかく割った測量棒を用いればよいが、そうしたからといって、原理的には何も新しい方法を要するわけではない。

的な記述ばかりでなく、日常生活にもあてはまる。かりに「ベルリンのポツダム駅において」という場所特定を分析するならば、つぎのような意味になる。大地が場所を特定するさいの剛体であり、〈ベルリンのポツダム駅〉は、その大地の上のはっきり名前のつけられた点であって、その点と出来事とは空間的に一致している、と。*

場所特定のこうした原始的な方法は、剛体の表面の場所についてしか取り扱えないし、この表面でたがいに区別される点の存在いかんにかかわるのである。しかし人間の精神は、位置特定の本質を何ら変更せずに！、こうした二つの制約からいかに自由になりうるかに注目したい。たとえば、一片の雲がポツダム駅の上空に浮いているとすれば、雲のところまでとどくようにそこに垂直にポールを立てて、地表に対して相対的な位置を確定することができる。単位測量棒で測ったポールの長さは、そのポールの足の位置が定まったところで、完全な雲の位置を与える。この例から、位置の概念がどのように洗練されてきたかを知ることができる。

(1)　場所特定の基準となる剛体をつないでいくことによって、位置を割りふるべき対象にそのつぎ足した剛体がとどくようにする。

(2)　その位置を表わすのに、標点を名ざすかわりに**数**（ここでは測量棒で測ったポールの長さ）を用いる。

*　ここでは〈空間的な一致〉が意味することについて、さらに深く探求する必要はない。というのは、この概念が個々の現実の場合に適切かどうかははっきりしており、まず意見の相違が起こることは考えられないからである。

(3)　雲までとどくポールがまったく立てられないときでも、雲の高さは語れる。この場合には、地上のさまざまな場所から光の伝播の性質を考慮して雲を光学的に測定することにより、もしポールを雲まで立てるとしたらどれほど長くしなければならないか、を調べる。

こうした点を考えればわかることだが、位置を記述するさい測量棒の適用回数を求めることが、剛体上にいちいち名前を付した標点が存在するかどうかに関係なくすることができれば好都合であろう。デカルト座標系*を用いることによって、測定物理学はこれを達成している。

この座標系は、一つの剛体に結びついた、たがいに垂直な三つの剛い平らな面から成り立つ。ある事象のその座標系に関する場所は、三つのそれぞれの平面にその事象から下ろして得られる三垂線の長さ、すなわち座標（x、y、z）を与えれば（本質的に）記述される（50ページの第2図を参照のこと）。これら三垂線の長さは剛体の測量棒を連続的に操作することによって得られるが、その操作はユークリッド幾何学の法則と方法によって規定されている。

実際にやってみようとすると、座標系を構成する剛い平面などというものはたいてい実現しない。さらにまたその座標系は、現実に剛い測量棒による作図で決定される

* （訳注）直交、または斜交座標系のこと。発見者にちなんでデカルト座標系という。カルテジアン座標系ともよばれる。

のではなくて、もっと間接的に決められるのである。にもかかわらず、物理学と天文学の成果をぼやけた不明確なものにすることを避けるためには、位置特定についての物理的意味を、つねに上述の吟味に従って求めなければならない。*

こうして以下のような結果になる。――事象の空間的な記述にはすべて、この事象が空間的に基準とすべき一つの剛体を用いる。その基準関係にはすべて、〈線分〉に対してユークリッド幾何学があてはまること、そのさい〈線分〉は物理的に一つの剛体上の二点によって表わされること、を前提にしている。

* この本の第II部で扱う一般相対性理論によって、はじめてこの考察を精密化し修正することが必要となってくる。

第3章　古典力学における時間と空間

「力学とは、空間において物体がその位置をいかに時間とともに変えるか、を記述するものである」――力学の目的を深刻な反省も詳細な説明もなしにこう定式化するとしたら、私は明晰性という聖なる精神に対して、良心になにがしかの瀆神の罪を負うことになろう。この罪なるものをこれから明らかにするとしよう。

冒頭の命題では、〈位置〉とか〈空間〉ということで何が理解されるべきかが明らかでない。私は一様に走っている列車の窓辺に立って、石を一つ軌道堤に静かに、放り出したりしないで落とす。すると（空気抵抗の影響は無視するとして）、石が一直線に落ちていくのが見える。ある歩行者がこのいたずらを歩道から見るならば、石は地面に向かって放物線を描いて落下するのを認めるはずである。そこで私はお聞きしたい

——石が通った〈各位置〉は〈現実には〉直線上にあるのか、それとも放物線上にあるのだろうか？　さらに、ここで〈空間における〉運動とは何を意味しているのか？　答えは第2章の考察から自明である。さしあたり〈空間〉というあいまいなことばをまったくのけてしまおう。そういうことばでは、正直いって何一つ考えることができない。そのかわりに、〈事実上剛体である基準体に対する運動〉と置く。基準体（列車**または**地面）に対する位置はすでに前の章で詳しく定義してある。〈基準体〉のかわりに数学的記述に有用な概念である〈座標系〉を導入するならば、つぎのようにいうことができる——石は車両に堅く結びついた座標系に対しては直線を描き、地面に堅く結びついた座標系に対しては放物線をとる、と。この例で明らかなように、軌道曲線*がそれ自体で存在するのではなく、ただ、ある一定の基準体に対して軌道曲線が存在するのであることがわかる。

運動を**完璧**に記述するには、まず、いかに物体が**時間とともに**その位置を変えるかを指摘してやればよい。すなわち軌道曲線の各点について、いつ物体がそこに見いだされたかを与えなければならない。これらの言明は、つぎのような時間の定義によって補完されなければならない。すなわちその定義によれば、時間の値を原則的に観測可能量（測定による結果）と見なすことができるものとする。この要請は——古典力学の立場から——われわれの例においてはつぎのように満足させることができる。ま

* すなわち物体がそれに沿って運動する曲線。

ったく同じ構造をもった二つの時計を考えよう。一つは列車の窓側にいる人が手に持ち、もう一つは歩道上の人が持っている。この二人のそれぞれ手にする時計が時を刻むごとに、その石がそれぞれの基準体のちょうどどの位置を通ったかを確定していくのである。そのさいわれわれは、光の伝播速度が有限なために起こる不精密さに深く立ち入ることをやめておく。このことと、なおここにある第二の困難については、のちほど詳しく話すつもりである。

第4章　ガリレイ座標系

よくご存じのように、慣性の法則という名で知られるガリレイ-ニュートン力学の根本法則は、つぎのようにいえるであろう。すなわち、他の物体から十分に離れている物体は、静止状態または一様な直線運動の状態をつづける、と。この法則は、物体の運動についてのみならず、力学に許容され、力学的記述のさいに用いられる基準体すなわち座標系についても言及している。慣性の法則が十分な近似をもってたしかに適用可能であるとわかる物体は、目に見える恒星である。いま地球に堅く結びついた座標系を用いるならば、この系に対して、すべての恒星は一日（天文日）のうちに巨大な円を描くことになり、慣性の法則がいうところと矛盾する。したがって、もしこの法則に固執しようとするならば、恒星が相対的に円運動をしないような座標系にのみ、恒星たちの運動を基準づけなければならない。このような、相対的に慣性の法則があてはまるような運動状態をとる座標系を、〈ガリレイの座標系〉と呼ぶ。ただガリレイ座標系に対してのみ、ガリレイ-ニュートンの力学の諸法則が通用するのである。

第5章 相対性原理（狭義の）

さて、できるだけ明瞭な像を得るために、ふたたび、一様に走っている列車の例から始めよう。われわれは、その運動を一様な並進運動と呼ぶ（〈一様〉とは、等速度で同一方向を保っているからであり、〈並進運動〉とは、列車が軌道堤に対して位置の変化をするが、回転をともなわないからである）。カラスが一羽、まっすぐに一様に――軌道堤から判断して――空中を飛んでいるとしよう。そのとき、動いている列車の中から判断するとしたら――カラスの運動はなるほど別の速度と方向をもつ運動となるであろうが、しかし、同じように一様な直線運動である。抽象的にいえば、ある質量mがある一つの座標系Kに対して一様な直線運動をするならば、第二の座標系K'に対しても、それがKに対して一様な並進運動をしているかぎり、同じく直線的で一様である。前章の説明を考えに入れれば、このことからつぎのようにいえよう。

Kがガリレイ座標系ならば、Kに対して一様な並進運動の状態にある他のすべての座標系K'もガリレイ座標系である。ガリレイ－ニュートン力学の諸法則は、Kに対してと同じようにK'に関してもあてはまる。

われわれはこの一般化をさらに一歩進めて、つぎのようにその命題を表現する。すなわち、K'がKに対して一様運動し、かつ回転しない座標系であるならば、K'に対する自然現象はKに対するのとまったく同じ一般法則にもとづいて経過していく。この命題を〈相対性原理〉（狭義の）と呼ぶ。

自然現象は、古典力学の助けをかりればすべて記述することができると確信しているうちは、この相対性原理の適用を疑うことができなかった。しかしながら、電磁気学と光学の新発展につれて、すべての物理的自然を記述するさいの基礎としては、古典力学が不十分なものであることがいよいよ明らかになってきた。それとともに、相対性原理の適用問題もしばしば議論されるようになった。この問いに対する答えが否定的なことも、ありえないとはいえないようであった。

いずれにせよ、前から相対性原理の適用について発言している二つの一般的な事実がある。すなわち、古典力学は**すべての**物理現象を理論的に記述するのに足るだけの広い基盤を与えないとしても、なお非常に意味のある真の内容をもっているとしなければならない。というのは、天体の実際の運動を驚くほどの明快さをもって与えているからである。したがって相対性原理もまた、**力学**の領域にはいかなる場合でも非常に厳密にあてはまらなければならない。しかし、**一つの**現象領域にこれほどの厳密さをもって当てはまる、このように大きな一般性をもつ原理が、他の現象領域に対しては拒否されるとすることは、ア・プリオリに本当とは思えないのである。

のちにまた戻ってくることになる第二の議論は、つぎのようなものである。相対性原理（狭義の）があてはまらないとしたら、お互いどうし相対的に一様運動をするガリレイ座標系K、K'、K''……が、自然現象の記述に**同等の価値**をもつわけにはいかないであろう。そこで、すべてのガリレイ座標系のうち基準体として特定の運動状態にある**一つ**（K_0）が選びとられる場合に、自然法則がとくに簡明かつ無理なく定式化されるようになるとしか考えられないであろう。そうならば、これを（自然の記述にすぐれている点から）〈絶対静止〉座標と記し、他のガリレイ座標系Kを〈運動している〉とするのが正当であろう。たとえば、われわれの軌道堤が座標系K_0とすれば、列車は座標系Kとなり、Kに対してはK_0に対するよりも簡明でない法則があてはまることになろう。これが簡明でない理由は、K_0に対して列車Kが（つまり〈実際〉に）動いていることによろう。Kに対して定式化されるこの一般法則の中では、列車の速度の大きさと方向が一つの役割を果さなければなるまい。たとえば、パイプオルガンの軸をその走行方向に平行に置いたときと垂直に置いたときとでは、音色が異なると考えられよう。ところで、いま地球は太陽のまわりを公転運動しているのだから、一秒間に約30㎞の速度で走る車と比べることができる。それゆえ、地球の瞬間的な運動方向が自然法則に入りこみ、したがって物理系の挙動は地球に対する空間的方位によって決まるということになると、これは相対性原理が適用できない場合となろう。なぜなら、地球の公転運動の速度方向は一年たつうちに変化するので、地球が仮想的な系K_0に対して一年間を通じて静止していることはできないからである。しかし万全の注意をもってしても、地球上の物理空間のこのような異方性《アニソトロピー》、すなわちそれぞれの方向が物理的に等価でないとすることは、どうしても観測からは出てこなかったのである。これは、相対性原理にとって有利な重大な論拠である。

第6章　古典力学にもとづく速度の加法定理

　これまでしばしばお目にかかったわが列車が、レール上を一定速度vで走っているとしよう。その列車内を一人の男が長軸方向に歩いていて、そのときの進行方向の速度はwである。この男はその歩行の間、軌道堤に対してどれほど速く、つまりいかなる速度Wをもって前進していることになるか？　唯一の可能な答えは、つぎのように考えれば得られるだろう。

　かりに男が一秒間静かに立っているとすれば、列車の進行速度と見合うだけの距離を堤防に対して前進することだろう。しかし現実には歩いているのだから、列車に対してばかりでなく堤防に対しても、この一秒の間にその歩行速度に等しい距離wだけ前進することになる。したがって彼は、その一秒のうちに堤防に対しては合わせて

$$W = v + w$$

の距離をカバーする。のちにわれわれは、古典力学による速度の加法定理から出たこの判断が支持されないこと、したがって、たったいまここに書きとめた法則が真理を射とめていないことを知るであろう。だが、しばらくはそれを正しいものとしておこう。

第7章　光の伝播法則と相対性原理との見かけ上の不一致

物理学の法則には、光が真空中を伝播するさいの法則ほど簡単なものはほかにないであろう。光の伝播は毎秒30万km の速度（c＝300,000km/sec）をもって直線状に起こることは、学校の生徒なら誰でも知っており、あるいは知っていると思っている。とにかくわれわれは、すべての色光についてこの速度が同一であることを、あらゆる場合においてたいへん厳密に知っている。というのは、もしもそうでないとしたら、恒星が暗い伴星によって掩蔽されるさい、各色光について輻射が極小になる現象が同時に観測されることもないであろう。連星の観測についての同じような考察から、オランダの天文学者ド・ジッターも、光の伝播速度が発光体の運動速度とは無関係であることを示すことができた。光の伝播速度が〈空間における〉方向によって決まる、という仮定はそれ自体確からしくないのである。

要するに、光速度cが（真空中において）一定であるという簡明な法則は、学校の生徒たちに信じてもらってもよいとまず仮定しよう！　この単純な法則が、誠実で思慮深い物理学者を重大な思考上の困難に陥れるとは、誰に考えられようか。この困難はつぎのようにして起こるのである。

光の伝播過程は、もちろん他のすべての過程と同じように、一つの剛体の基準体（座標系）に準拠させなければならない。そのような基準体として、ふたたびわが軌道堤を選ぶ。その上の空気は除かれていると考えることにしたい。堤防にそって光を送ると、前述のように、その光の先端は堤防に関して速度cで進む。そのレールの上をわが列車はまた速度vをもって、たしかに光の矢と同一方向だが、当然はるかにゆっくりと進む。われわれは、列車に相対的な光線の伝播速度を問うている。ここに、前章の考察が当てはまることは容易にわかる。というのは、列車に対して相対的に走っている男が光線の役をつとめるからである。堤防に対するその男の速度Wのかわりに、ここでは堤防に対する光速度cで置きかえる。すなわち、wはわれわれが求めようとしている列車に対する光速度であり、これについてはまた

$$w = c - v$$

があてはまる。列車に相対的な光線の伝播速度はcより小さい、ということになる。

しかし、この結果は第5章で述べた相対性原理と矛盾する。すなわち相対性原理によれば、真空中の光の伝播法則はすべての他の一般自然法則と同様に、列車を基準体としようがレールを基準体としようが、同じことにならねばならない。ところがわれわれの考察によれば、それが不可能のように思える。すべての光線が堤防に関して速度cで伝播するとすれば、まさにそのことのために、列車に関する光の伝播法則はこれとは別のものにならなければならない——すなわち相対性原理と矛盾する。

このディレンマを考えてみれば、相対性原理か簡明な真空中の光の伝播法則かの、どちらかを放棄せざるをえないように思える。

これまでの議論に注意深くついてきた読者は、心底ではきっと、自然かつ簡明さのゆえにほとんど拒み難く感じている相対性原理が支持されて、一方、真空中の光の伝播法則は、相対性原理と結びついたより複雑な法則に置きかえられることを期待するだろう。しかし、理論物理学の進展から、この道を辿れないことが示された。運動物体の電気力学的、光学的諸過程について道を拓いたH・A・ローレンツの理論的研究によると、この領域の経験では、電磁気的な諸過程に関するある一つの理論が抗い難い必然性をもって導かれるのであって、その理論からは、真空中の光速度が一定であるという法則が避くべからざる結論となるのである。このために、この相対性原理に矛盾するような経験的事実は何一つ見いだせないにもかかわらず、指導的な理論家たちはむしろこの原理をなくしてしまう方向に傾いていた。

ここに相対性理論が登場した。時間と空間についての物理的な概念を分析することによって、**現実には相対性原理と光の伝播法則との間に不一致はまったく存在しないこと**、それどころか、この二つの法則を組織的にしっかり把握することによって、論理的に異論の余地ない一つの理論に到達することが示された。この理論は、のちほど言及する予定のその拡張理論と区別するために〈特殊相対性理論〉と名づけるが、以下においてその根本思想を述べよう。

第8章　物理学における時間の概念について

わが軌道堤上のたがいに遠く離れた二点AとBにおいて、レールに落雷があった。私は、この二つの雷撃が同時に起こったという主張を付け加えておく。私がいま読者の皆さんに、この二つの言明が意味をもつかどうかと尋ねたら、あなたは確信をもって「はい」と答えることだろう。しかしいま、その言明の意味をどうかもっとくわしく説明してほしいと迫るとしたら、あなたはしばらく熟考したのち、この問いへの答えははじめ少し考えたほどには簡単ではないことに気づくであろう。

少したってから、たぶんあなたにつぎのような答えが浮かんでくるだろう。すなわち「その言明の意味はそれ自体明瞭であり、これ以上の説明はする必要がない。しかし具体的なケースで、二つの出来事が同時に起こったかどうかを観測によって見きわめることをまかされるときには、もちろんなにがしか熟慮してみなければならないだろう。」しかし私はこのような答えには、つぎのような根拠から満足できないのである。いま、一人の老練な気象学者がその鋭い考察によって、AとBの場所においていつも同時に落雷があるにちがいないことを発見したとすれば、この理論の結果が事実に一致するかどうかを検証するという課題が生じてくる。〈同時〉という概念が一役演じているすべての物理学の言明についても、みなこれと同様である。具体的なケースにおいてその概念が適合するかどうかを発見することができれば、そのときはじめてその概念が物理学者のものになるのである。したがって同時という定義には、この場合、二つの雷撃が同時に起こったのかどうかを実験から決定できるような方法を与える定義が必要なのである。この要求が満たされないかぎり、私が同時性ということに一つの意味を与えることができると信ずることは、物理学者として（たしかに非物理学者としてさえも！）みずからを欺くことになるのである。[読者の皆さんは、このことを確信をもってそうだといえるようになるまでは、先を読んではいけない。]

しばらくこの問題をじっくり考えてから、あなたは同時性を確かめるためにつぎのような提案をする。AとBを結ぶ直線をレールに沿って測り、その線分の中点Mに観測者を置くようにする。その観測者は一つの装置（たとえば二個のたがいに90度だけ傾いている鏡）で、二つの地点AとBを同時に光学的に同定できるようになっている。

この観測者が二つの落雷を同時刻に認めれば、その二つの落雷は同時なのである。

私はこの提案にたいへん満足しているが、にもかかわらず、事実はまったく何一つ明瞭になったといえない。というのは、つぎのような反論に迫られたらどうするか、と思うからである。すなわち、「Mにおける観測者が落雷と認めるのは光によってであるが、光は距離A→Mと距離B→Mとを同じ速度で進むことをすでに私が知っている場合には、あなたの定義は無条件で正しいであろう。しかしこの前提条件の証明は、時間を測定する手段がすでに用意され意のままになる場合にのみ可能となるのであろう。これでは、論理の循環に陥っているように思える」と。

あなたはさらにしばらく熟考してから、正当にもやや軽蔑の眼差しを私に投げかけて、こう説明する。「そういわれても、私の前からの定義は、光について現実にまったく何も仮定していないのだから正しい」と主張する。同時性の定義に関するただ**一つの**要請は、定義すべき概念がすべての現実のケースに適合しているかどうかを経験的に決定できる手段を与えること、である。私の定義がこれを満足していることは争う余地もない。光がA→Mの道を通るのにもB→Mの道を通るのにも同じ時間を要するということは、実際、光の物理的性質についての**前提でも仮説**でもなく、私が同時性の定義を得るために自由な考量にもとづいて割り出した**定立**なのである。

この定義が、たんに**二つの**事象だけでなく、任意の多くの事象について同時性をいうとき厳密な意味を与えるために役立ちうることは、たとえそれらの事象の場所が基準体（ここでは軌道堤）に対してどのような位置にあろうとも明らかである。* こうして、物理学における〈時間〉の定義にやってくる。すなわちレール（座標系）上の三点A、B、Cに同一構造の、そしてそれらの針の位置が同時に（上の意味で）同じ点を指すように合わせた時計が置かれている、と考える。こうすれば、ある事象の〈時間〉はその事象に（空間的に）すぐ隣りあっている時計の時刻表示（針の位置）をそれぞれ読みとることである、と理解されよう。このようにして、原理的に観測できる時間の値がすべての事象に対応づけられる。

この定立はもう一つの物理的仮説をふくんでおり、経験的な反証がないかぎり、その仮説の正当性を疑うことができない。すなわちこれらの時計はすべて、同一構造である場合は〈同一のテンポ〉で動く、ということを仮定している。厳密に述べればつぎのようになる。すなわち、基準体の相異なる場所に二つの静止時計が置かれており、一方の針が他方の針の位置と**同時に**（上記の意味で）**同一の**位置を指すならば、同一の針の位置はつねに同時（上記の定義の意味で）である。

*　さらに三つの事象A、B、Cが、AはBと同時刻に、BはCと同時刻(上の定義の意味での同時)に異なる場所で起こるとき、同時性の規準はもう一組の事象AとCをも満足する、と仮定しておく。この仮定は光の伝播法則に関する物理的な仮説である。すなわちこの仮説は、真空中の光速度一定の法則に固執することが可能ならば、間違いなく満足するはずのものである。

第9章　同時性の相対性

これまでわれわれは、〈軌道堤〉で示してきたある特定の基準体を、われわれの考察のよりどころとしてきた。さて、いまレールの上を非常に長い列車が、一定速度vで第1図に示す方向に動いているとする。この列車に乗って動いている人は、剛体の基準体（座標系）として列車を使うのが便利である。すなわち、すべての事象を列車に照らして見るのである。レールに沿って起こるすべての事象は、したがってまた列車の特定の点に起こることになる。列車を基準とする同時性の定義もまた、軌道堤に準拠させたときとまったく同様にして得られる。しかし、こうなると当然の結果として、つぎの問いが生じてくる――。

二つの事象（たとえば二つの落雷AとB）があって、**軌道堤を基準にして**同時であ

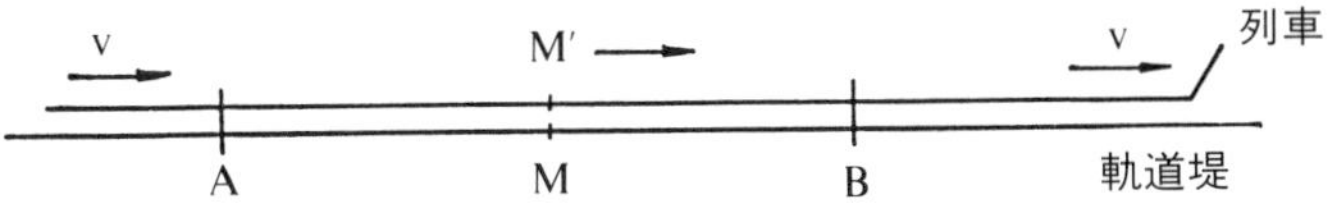

第1図

るならば、**列車を基準にして**もまた同時であるだろうか？

その答えがどうしても否定的になることを、ただちに示そう。落雷AとBが軌道堤に関して同時であるというときには、雷光のあった場所AとBから出た光線が軌道堤の線分A―Bの中点Mで出会う、という意味である。列車上の点AとBもまた、事象AとBに一致する。走行中の列車の長さA―Bの中点をM′としよう。この点M′は、たしかに落雷*の瞬間には点Mと一致するが、図にあるように列車の速度vで右方向へ動いている。列車の中で点M′の所に坐っている観測者がこの速度をもたないとすれば、Mにいつまでもとどまっていることになり、とすれば、落雷AとBからの光線が彼の所に同時に到達することになろう。すなわち、この二つの光線はちょうど彼の所で出会うのである。しかし実際には（軌道堤から判断して）、彼はBからくる光に向かって急行していくのであるが、Aからの光よりも先行してその光に後から追いつかれるのである。したがって観測者は、Aからくる光よりも先にBからの光を認めるであろう。列車を基準体として用いる観測者は、落雷Bが落雷Aよりも先に起こっている、という結論になるにちがいない。こうして、われわれ

*　軌道堤から判断して！

は以下の重要な結論に達する——。

軌道堤を基準として同時である事象は、列車を基準とすると同時ではない、そしてまた、逆も真である（同時性の相対性）。すべての基準体（座標系）はそれぞれ固有な時間をもっている。だから時間の表示が意味をもつのは、時間の表示が基準としている基準体を挙げている場合だけである。

相対性理論以前の物理学は、つねに時間の表示がある絶対的な意味をもつ、すなわち基準体の運動状態に関係なく意味をもちうると暗黙のうちに仮定してきた。しかし、われわれがたったいま知ったように、この仮定は同時性についてのもっとも手近な定義と両立しないのである。そこでこの仮定を棄てるならば、第7章で展開したような真空中の光の伝播法則と相対性原理との確執も解消するのである。

すなわち、その確執を導いたものは第6章の考察であるが、いまやもうそれは正しいとはいえないのである。その章の結論では、列車中の男は**一秒間に**列車に対して線分wだけ行くのだが、同時にまた軌道堤に対しても**一秒間に**その距離だけ行く、ということであった。だが、いまや列車を基準とするある特定の出来事の所要時間は、ただいま示した考察によれば、基準体としての軌道堤から判断された同じ出来事の経過時間と等しいとすべきではないのである。であるから、車中の男が軌道堤から判断して一秒であるその時間だけレールに沿って歩いたとき、線分wだけ行くとは主張できないのである。

第6章の考察は、それに加えて、相対性理論の成立前にはつねに（暗黙のうちに）仮定されていたのだが、厳密な考察の光をあてると恣意的なように思える第二の仮定にもとづいているのである。

第10章　空間的距離の概念の相対性について

われわれは、軌道堤に沿って速度 v で走って行く列車の二つの特定の点を考察して、*その二点間の距離を問題にする。距離を測るには一つの基準体が必要であることはすでに知られている。いちばん簡単なのは、列車自体を基準体（座標系）として用いる方法である。列車に乗っている観測者は、車両に沿って印をつけた一点からもう一つの点に達するまで測量棒を繰り返し動かしていけば、距離を測定できる。何回測量棒を当てなければならないかを示す数が、ここで求めようとする距離になる。

しかし、レールの側から距離を割り出す段になると、まったく別である。そこではつぎのような方法が示されよう。距離を測ろうとする二つの点をA′とB′と呼ぶとすれば、この二点は軌道堤に沿って速度 v で動いている。さて、われわれが第一に問題に

* たとえば1番目と100番目の車両の各中点。

するのは、列車上の二つの点A′とB′が一定時刻tに――軌道堤からの判断で――ちょうど通り過ぎていくときの軌道堤の、AまたはBの点である。軌道堤のこれらの二点AとBは、第8章で与えられた時間の定義によって見つけることができる。その場合、この二点AとBの距離は、メートル尺を軌道堤に沿って繰り返し、動かしていくことによって得られる。

この第二の測定が、第一の測定と同じ結果を与えるにちがいない、とまったくア・プリオリに決めつけてしまうことはできない。軌道堤から測ることができる列車の長さは、列車そのものから測定したものと違っていることがありうるのである。このような事情から、第6章の一見明白な考察に対して唱えられるべき第二の異議が生じてくる。すなわち、ある単位時間に――**列車から測って**――車中の男が距離wを行くとしたら、この距離が――**軌道堤から測って**――同じくwである必要はない。

第11章　ローレンツ変換

前三章の考察で明らかになったことだが、第7章において光の伝播法則と相対性原理とが見かけ上不一致を起こしたのは、ある考えから導かれてのことであった。その考えとは、理屈に合わない二つの仮説を古典力学から借りてくるというものであった。二つの仮説とは、こうである。

(1)　二つの事象の時間的へだたりは、基準体の運動状態には関係しない。

(2)　剛体上の二点間の空間的へだたりは、基準体の運動状態には関係しない。

いまこれらの仮説を棄てるとしたら、第6章で導いた速度の加法定理が通用しなくなるのだから、第7章のディレンマは消失する。真空中の光の伝播法則と相対性原理とが一致しうる、という可能性が浮かび上がってくる。われわれはつぎの問いにやってくる。すなわち、経験から出たこれら二つの基本的な結果の間にある見かけ上の矛盾を除くには、第6章の考察をどのように修正すべきだろうか？　この問いは、さらに一般的な問いへと導かれる。第6章の考察では、場所と時刻は列車を基準としたものと軌道堤を基準にしたものとが出てくる。ある事象の軌道堤に関する場所と時刻がわかっているとき、その事象の列車に関する場所と時刻をどうやって見つけることができるだろうか？　この問いに対する答えとして、真空中の光の伝播法則が相対性原理と矛盾しないようなものが存在すると考えられるだろうか？　いいかえると、堤防に関しても**および**列車に関してもすべての光線が伝播速度 c をとるように、それぞれの事象の二つの基準体に関する場所と時刻の関係を決めることは考えられないだろうか？　この問いから、それを肯定するまったく確固たる答え、すなわち、基準体を一方から他方へと移すさいの、ある事象の時間-空間の大きさに関する完全に明確な変換法則へと導かれるのである。

このことに立ち入る前に、その準備としてつぎのような考察をはさんでおこう。われわれは、これまで軌道堤に沿って起こった事象だけをつねに取り扱ってきた。それは、数学的には直線的関数にならなければならなかった。しかし第2章で与えた方法で、この基準体が棒の枠組によって横にも上にも延びていて、どこで起こる事象でもその場所を棒の枠組によって決定しうると考えることができる。同じように、速度vをもって走っている列車が全空間に延びていると考え、どんなに離れた事象の位置でもこの第二の枠組をもとに決めることができる。実際には、これら二つの枠組は固体の不可入性によってつねにたがいに壊しあうはずであるという点を度外視しても、根本的な誤りを犯すことにはならない。そのような枠組にたがいに垂直な三つの壁が迫り上げられると考え、それを〈座標面〉（座標系）と呼ぼう。軌道堤には座標系Kが、列車には座標系K'が対応する。どこで起こる事象でも、Kに関しては、空間的には座標面におろした三垂線x、y、zによって位置づけられ、時間的には一つの時間値tによって確定される。**同一の事象**は、K'に関しては時間-空間的にx、y、z、tとは当然一致しないが、それらの対応値x'、y'、z'、t'によって確定される。物理的測定の結果としてこれらの大きさがどれほどであると考えられるかは、すでに前に詳しく考察した。

われわれの問題は、厳密に定式化すればつぎのようになるだろう。Kに関するある事象の大きさx、y、z、tが与えられているとき、同じ事象のK'に関する値x'、y'、z'、t'はどのような大きさになるだろうか？　KとK'に関して、一本の同じ光線が（それについても、すべての光線についても）光の真空伝播法則を満足させるように、それら二つの関係を選ばなければならない。この問題は、第2図に示すように座標系が相対的空間的配置にあるとき、つぎのような方程式によって解かれる。すなわち——

$$x' = \frac{x - vt}{\sqrt{1 - \frac{v^2}{c^2}}}$$

$$y' = y$$

$$z' = z$$

$$t' = \frac{t - \frac{v}{c^2}x}{\sqrt{1 - \frac{v^2}{c^2}}}$$

この方程式群は〈ローレンツ変換〉と呼ばれている。*

しかし光の伝播法則のかわりに、古典力学が絶対的な時間と空間の特性について暗黙に仮定してきたことを基礎にするとしたら、これらのローレンツ変換方程式のかわりにつぎの方程式、

*　ローレンツ変換の簡単な導き方は付記1にある。

$$x' = x - vt$$
$$y' = y$$
$$z' = z$$
$$t' = t$$

が成立する。この一組の式は、しばしば〈ガリレイ変換〉と呼ばれている。ローレンツ変換において、光速cがみな等しく無限大になるとすると、ガリレイ変換が得られる。

　ローレンツ変換によれば、真空中の光の伝播法則は、基準体Kについても基準体K'についても同じように満足される。このことを知るには、つぎの例を見ると好都合である。ある光信号がx軸の正方向に送られ、この光の励起現象は、方程式

$$x = ct$$

に従って、すなわち速度cで前方へ伝播される。ロー

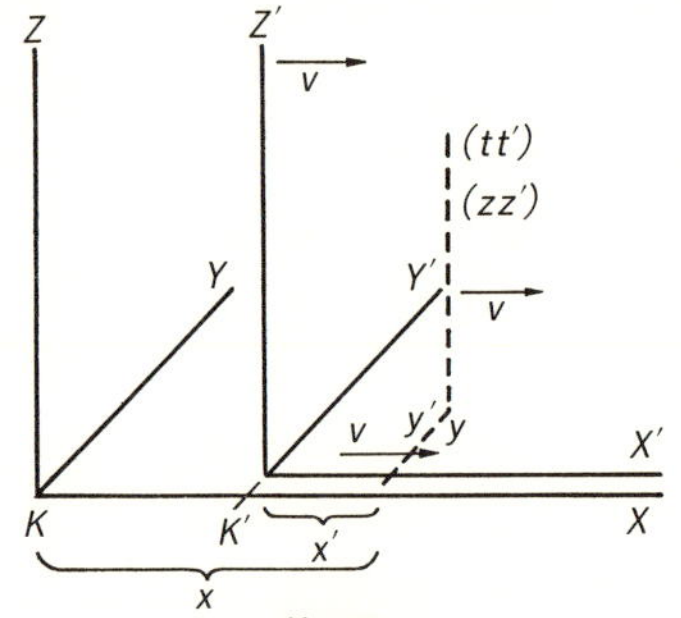

第2図

レンツ変換の方程式によれば、xとtの間のこの簡単な関係がx'とt'との関係を定める。実際にローレンツ変換の第1式と第4式は、その中のxのかわりに同じ値のctを代入するならば、

$$x' = \frac{(c-v)\,t}{\sqrt{1-\frac{v^2}{c^2}}}$$

$$t' = \frac{\left(1-\frac{v}{c}\right)t}{\sqrt{1-\frac{v^2}{c^2}}}$$

となり、それから割算によって、ただちに

$$x' = ct'$$

が出てくる。これらの式から、座標系K'を基準とするときの光の伝播が得られる。したがってまた、基準体K'に対して相対的な伝播速度がやはりcであることがわかる。他の任意の方向に伝播する光線についても同様である。このことは、この観点からまさにローレンツ変換の方程式が導かれたのだから、当然であり、驚くにはあたらない。

第12章　運動している棒と時計の挙動

座標系K'のx'軸に沿って、メートル棒を始点が点$x'=0$に、終点が点$x'=1$に重なるように置く。では、座標系Kに対して相対的なメートル棒の長さはどれほどになるか？　これを知るには、座標系Kに対して相対的な測量棒の始点と終点が、ある一定の時間tに座標系Kのどこにあるか、を問いさえすればよい。ローレンツ変換の最初の式から、時間$t=0$のときのこれら二点を求めることができる。すなわち、

$$x_{(\text{測量棒の始点})}=0\cdot\sqrt{1-\frac{v^2}{c^2}}$$

$$x_{(\text{測量棒の終点})}=1\cdot\sqrt{1-\frac{v^2}{c^2}}$$

この二点間の距離は $\sqrt{1-v^2/c^2}$ である。K に関してメートル棒は速度 v で動かされる。したがって、速度 v で長さ方向に動く剛体のメートル棒の長さは $\sqrt{1-v^2/c^2}$ m となることがわかる。それゆえ、運動する剛体棒は同じ静止状態にあるときの棒よりも短くなり、その上運動が速くなればなるほど、それだけ短くなるのである。速度 $v=c$ となると $\sqrt{1-v^2/c^2}=0$ になり、さらに速度が大きくなると平方根は虚数になる。そのことから、相対性理論では、速度 c は現実の物体にとって、到達できずまた越えられない一つの限界速度の役をつとめている、と結論される。

速度 c が限界値の役を演ずることは、それにしても、すでにローレンツ変換の式自体から導かれることである。というのは、v が c よりも大きい値をとれば、これらの式が無意味になるからである。逆に、K の x 軸に相対的に静止しているメートル棒を考えたとしたら、K' から判断して長さが $\sqrt{1-v^2/c^2}$ になることを見いだしたことだろう。このことは、われわれの考察の根底にある相対性原理と完全に合致する。

変換の方程式から測量棒と時計の物理的な挙動について何か知れるにちがいないことは、ア・プリオリに明白なことである。というのは、x、y、z、t の大きさは、まったく測量棒と時計によって得られるはずの測定結果にほかならないからである。もしもガリレイ変換にもとづいたならば、運動にともなって測量棒が短縮するとはいえなかったであろう。

さて、K'の原点（$x'=0$）に持続的に静止している秒時計が一つあると考えよう。この時計がつづけて刻む二つのカチカチを、$t'=0$と$t'=1$とせよ。この二つのカチカチに対し、ローレンツ変換の第1と第4の式はつぎのようになる。

$$t=0$$

および

$$t=\frac{1}{\sqrt{1-\frac{v^2}{c^2}}}$$

Kから判断して、時計は速度vで動かされている。すなわち、この基準体から判断すると、その時計の二つのカチカチの間に一秒が経過するのではなくて

$$\frac{1}{\sqrt{1-\frac{v^2}{c^2}}}$$

秒であり、したがっていくらか長い時間になる。時計の進みは、静止状態よりも運動中のほうがよりゆるやかになるのである。ここでもまた、光速度cが到達不能な限界速度の役を演じている。

第13章　速度の加法定理——フィゾーの実験

われわれは実際には、光速度 c にくらべて小さな速度でしか時計と測量棒を動かせないのだから、前章の結果を直接具体的にくらべることはできない。このことは、一方から見れば読者にはまったく奇妙に思われるであろうから、私はいまその理論から、これまでの説明によって容易に得られ、実験によってみごとに裏書きされるこれとは別のもう一つの結果を出しておこう。

第6章において、古典力学の諸仮説から与えられるように、同一方向の速度に関する加法定理を導いておいた。同じことは、ガリレイ変換（第11章）からも容易に推論される。車の中を歩いている男のかわりに、座標系 K' に対して相対的に次式

$$x' = wt'$$

に従って動いている点を導入する。ガリレイ変換の第1、第4の式から、x'とt'をxとtによって表わすと、つぎのようになる。

$$x = (v + w)t$$

この式が示しているものは、座標系Kに対する点（軌道堤に対する人間）の運動法則にほかならず、その速度をWで示すならば、第6章でやったように

$$W = v + w \quad \cdots\cdots (1)$$

しかしこの考察は、相対性理論の基礎からも同様に導くことができる。そのさい式は、

$$x' = wt'$$

で、x'とt'を**ローレンツ変換**の第1式と第4式を用いてxとtに書きなおす。すると(1)式のかわりに次式になる。すなわち、

$$W=\frac{v+w}{1+\frac{vw}{c^2}}\quad\cdots\cdots(2)$$

となり、これは相対性理論による同一方向速度の加法定理に相当する。さて問題は、経験に照らしてみてこれら二つの理論のうちどちらがもちこたえられるか、である。これについて、かの天才物理学者フィゾーが五〇年以上も前に行なったもっとも重要な実験が教えてくれる。この実験は、それ以来、最良の実験物理学者たちによって繰り返され、そこで得られた結果は疑う余地がない。この実験はつぎの問題を扱っている。静止している液体の中を光が一定速度wで伝播していく。図の管Rの中で、上記の液体が速度vで流れるとき、光は矢印の向きにどれほどの速さで伝わっていくか？

　われわれは相対性原理の意味において、流体がほかの物体に対して相対的に動いていようとなかろうと、光の伝播は**流体に対して相対的に**つねに同一の速度wになることを、いかなる場合にも前提としなければならないであろう。すなわち、液体に対して相対的な光の速度と管に対して相対的な流体の速度は、管に対して相対的な光の速度を求めればわかる。

　ここでふたたび、第6章の設問が立ち現われることは明白である。管は軌道堤ないしは座標系Kの役を、流体は列車ないしは座標系K'の役を、最後に光は車中を走る男

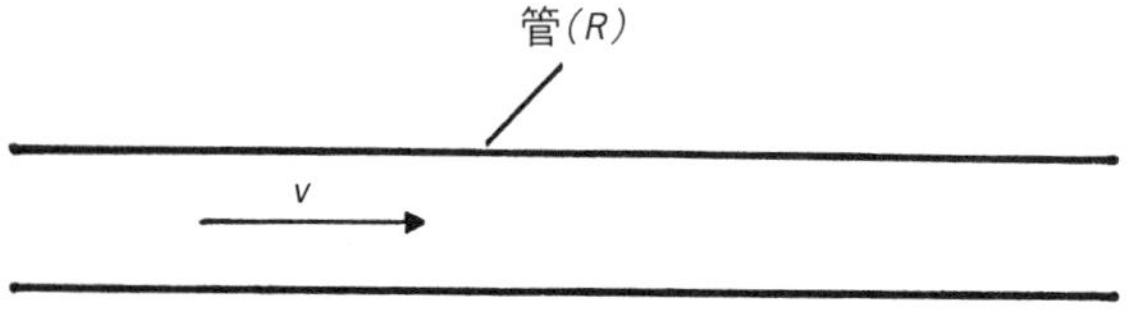

第3図

ないしは本章の運動している点の役を演じている。したがって、管に対して相対的な光の速度をWと記すならば、式(1)あるいは(2)によって、現実にあてはまるガリレイ変換またはローレンツ変換にもとづいて、光の速度が与えられる。

この実験*が相対性理論から導かれる式(2)を決定的にするが、しかもはなはだ精密にである。流体の速さが光の進行に及ぼす影響は、最近のゼーマンの卓越した測定において、(2)式によって一%以内の精度で説明された。

この現象の理論は、相対性理論が樹立されるはるか前に、H・A・ローレンツによって物質の電磁気的構造に関する特別な仮説を駆使して与えられていたことは、たしかに明白にしておくべきである。しかし、こうした事情は、相対性理論を有利にする決定的実験(experimentum crucis)としての証明力を減ずることにはならない。なぜかといえば、そのもともとの理論が基礎を置くマックスウェル-ローレンツの電気力学は、けっして相対性理論に反するものではないからである。相対性理論はむしろ電気力学の基礎をなし、以前はたがいに独立であった諸仮説を驚くほど簡明に

* フィゾーは $W=w+v\left(1-\frac{1}{n^2}\right)$ であることを見いだした。$n=\frac{c}{w}$ は流体の屈折率である。また一方において $\frac{vw}{c^2}$ は1にくらべて小さいから、式(2)は $W=(w+v)\left(1-\frac{vw}{c^2}\right)$ に、あるいは同程度の近似でいえば $w+v\left(1-\frac{1}{n^2}\right)$ になる。これはフィゾーの結果と一致する。

結合し一般化するものとして、電気力学から生まれ出てきたのである。

第14章　相対性理論の発見法的価値

これまで述べてきた思考過程を縮めていえば、つぎのようになる。経験によれば、一方では相対性原理（狭義の）があてはまり、他方では光の真空中の速度を定数 c に等しいとすることが確信されるにいたった。これら二つの前提を統一することによって、自然現象を構成する事象の、直角座標 x、y、z と時間 t に関する変換法則が与えられた。しかも与えられたものはガリレイ変換ではなくて、（古典力学とは異なる）ローレンツ変換なのである。

この思考過程では、われわれ日常の知識ではその仮定が正しいとされる光の伝播法則が重要な役をつとめている。しかしわれわれは、ひとたびローレンツ変換を入手してからは、これを相対性原理と結合し、つぎのようにその理論を要約できる。すなわち——

すべての一般自然法則は、もとの座標系Kの空間‐時間変数x、y、z、tのかわりに座標系K'の新しい空間‐時間変数x'、y'、z'、t'を導入しても、まったく同じ形式の法則になるように構成されていなければならない。そのさい、ダッシのついている量とつかない量との数学的な関係は、ローレンツ変換によって与えられる。要するに、一般自然法則はローレンツ変換に関して共変《コバリアント》である。

相対性理論が自然法則に要請しているのは、この一定の数学的条件である。それによって相対性理論は、一般自然法則の探求に価値ある発見法的補助手段となるのである。その条件に適合しない一般自然法則が見つかる場合には、少なくともこの理論の二つの根本仮説のうちの一つが論破されることになろう。さて、この理論がこれまでにどんな一般的成果を示したか、を検討してみよう。

第15章　相対性理論の一般的成果

これまでの説明で明らかなように、（特殊）相対性理論は電気力学と光学から生まれ育ってきたものである。これらの領域ではたいして理論の変更を主張していないが、理論的構築物すなわち法則の導き方ははっきりと簡単なものにした。それに——さらにはるかに重大なことは——その理論の拠って立つ、たがいに独立な仮説の数を著しく減らしたことである。マックスウェル-ローレンツの理論について、実験がそれほど明確には有利な結果を与えないときでさえも、相対性理論がそれに十分な根拠を与え、物理学者たちに一般に受けいれられるようにしたのである。

古典物理学は、まず特殊相対性理論の要請と調和させるために、ある修正を必要とする。しかしこの修正は、物体の速度 v が光速にくらべてそれほどは小さすぎることのない高速運動に関する法則にのみ、本質的には必要なのである。われわれの経験では、そのような高速運動の例としては電子とイオンの運動しかない。その他の運動では古典力学の法則とのずれが小さすぎて、実際には目だたないのである。天体の運動については、一般相対性理論の中で述べる予定である。相対性理論によれば、質量mの質点の運動エネルギーは、よく知られた表記

$$m\frac{v^2}{2}$$

でもはや与えることができず、つぎの表記

$$\frac{mc^2}{\sqrt{1-\frac{v^2}{c^2}}}$$

で与えられる。

この表記では、速度vが光速度cに近づくと無限大になる。したがって、いかに大きなエネルギーを使って加速しようとも、速度はつねにcよりも小さいはずである。

この運動エネルギーの式を級数に展開すると、こうなる。

$$mc^2+m\frac{v^2}{2}+\frac{3}{8}m\frac{v^4}{c^2}+\cdots$$

v^2/c^2が1にくらべて小さいときは、この第3項は第2項にくらべてつねに小さく、古典力学では第2項だけを考えればよかった。

第1項mc^2は速度をふくんでおらず、質点のエネルギーがいかに速度によって変わるかという問題だけを扱うときには、考察には入ってこない。その根本的な意味はのちに語られるであろう。

特殊相対性理論がもたらした一般性のあるもっとも重要な結果は、質量の概念にかかわるものである。相対論以前の物理学では、根本的な意味をになう二つの保存則、すなわちエネルギーの保存則と質量の保存則が知られている。これら二つの基本法則はおたがいにまったく無関係のように思われる。ところが、相対性理論によって一つの法則になったのである。どのようにしてそうなったのか、またどのようにこの融合を把握したらよいのか、いま手短に説明しよう。

相対性理論の要請によれば、エネルギーの保存則は**ある一つの**座標系Kにあてはまるだけでなく、Kに対して相対的に一様な並進運動をしているすべての座標系K'に関してもあてはまらなければならない。そのような二つの系の変換については、古典力学に対抗してローレンツ変換が決定権をもつ。

マックスウェルの電気力学の基本方程式と結びついたこの前提から、比較的簡単な考察により、ゆるぎない必然性をもってつぎのような結論が得られる。すなわち速度

vで飛ぶ物体が、速度を変えることなしに輻射の形でエネルギーE_0を吸収するとすれば*、エネルギーは下式だけ増加する。

$$\frac{E_0}{\sqrt{1-\frac{v^2}{c^2}}}$$

求めようとする物体のエネルギーは、したがって、前に与えておいた運動エネルギーの式を考えてもらえばわかるように、

$$\frac{\left(m+\frac{E_0}{c^2}\right)c^2}{\sqrt{1-\frac{v^2}{c^2}}}$$

で与えられる。

したがってその物体は、速度v、質量$m+E_0/c^2$の運動物体のエネルギーと同じ大きさである。そこでこのようにいえる。すなわち物体がエネルギーE_0をもっているならば、その慣性質量はE_0/c^2だけ増す。つまり、物体の慣性質量は一定ではなく、エネルギーの変化に比例して変わるものである、と。ある物体の系の慣性質量は、まさにそのエネルギーの測度と見なされる。一つの系の質量保存の法則は、エネルギー保

* E_0は物体とともに運動している座標軸から判断した吸収エネルギーである。

存の法則と同一のものとなり、その系がエネルギーの得失のない場合にだけあてはまる。エネルギーについての式を、

$$\frac{mc^2+E_0}{\sqrt{1-\frac{v^2}{c^2}}}$$

の形に書くならば、すでにわれわれの注意を引いた mc^2 という項は、エネルギー E_0 を吸収する前の、物体がもともともっていたエネルギー*にほかならないことがわかる。

この法則を直接経験と比較しようとしても、一つの系に与えることのできるエネルギー変化 E_0 がそれほど大きくないところから、その系の慣性質量の変化として検出するにいたらず、まず失敗する。E_0/c^2 は、エネルギー変化の前にすでにある質量 m とくらべて、ごく小さい。このような事情のために、質量保存の法則が独立した正当性をもつものとして、首尾よく確立したのである。

最後に一言、根本的な性質について付け加えておこう。電磁気的遠達作用を、有限の伝播速度をもつ媒介過程として説明するファラディ－マックスウェル理論の成功は、物理学者たちに、ニュートンの重力法則のような型に見られる直接・瞬間の遠達作用がないと確信させる突破口となったのである。相対性理論によれば、遠隔の場所にお

* 物体といっしょに動いている座標軸から判断して。(訳注)アインシュタインによって提唱されたこの有名な静止質量とエネルギーの関係式 $E=mc^2$ は、原子核エネルギーを解放するためののろしとなった。

ける瞬間作用、すなわち無限大の伝播速度をもつ遠達作用のかわりに、つねに光速度をもつ遠達作用が置かれる。それは、この理論で光速度 c がになう根本的な役割とつながっている。第II部において、一般相対性理論ではどのようにこの結果が修正されていくかが示されよう。

第16章　特殊相対性理論と経験

特殊相対性理論が経験によってどの程度まで支持されているのか、という問題は、すでにフィゾーの根本的実験のさいにふれた理由によって、簡単には答えられない。特殊相対性理論は、電磁気現象についてのマックスウェル－ローレンツの理論から結晶したものである。だから、その電磁気理論を支持するいっさいの経験的事実が相対性理論を支持する。私がここでとりわけ重要なものとして指摘しておきたいことは、相対性理論によれば、恒星からわれわれのところにくる光がその恒星に対する地球の相対運動によって受ける影響を、まったく単純な方法で導くことができ、それが経験とぴたり合うということである。それは、太陽のまわりを地球が運動するにともない、恒星の見かけの位置が年周運動すること（光行差）と、地球に対する恒星の相対運動の視線方向速度成分がわれわれの所にくる光の色に及ぼす影響とである。後者の影響は、恒星からの光のスペクトル線が、地上の光源がつくるそれと等しいスペクトル線のスペクトル位置にくらべて、少しずれていることに現われている（ドップラーの原理）。マックスウェル－ローレンツの理論に好都合な実験上の議論は、みな同時に相対性理論にも好都合な議論であるが、ここで説明するにはあまりにもたくさんありすぎる。このことは、経験に耐えうるものとしてマックスウェル－ローレンツ以外に理論が存在しないという点で、実際には理論的な可能性をせばめている。

これまでに二種類の実験事実が得られているが、それはマックスウェル－ローレンツ理論が、それ自体――すなわち相対性理論を用いないかぎり――あやしげに見える補助仮説を付加することによってしか説明がつかない種類のものである。陰極線および放射性物質から出るいわゆるβ線は、非常に小さな慣性と大きな速度をもつ負に荷電した粒子（電子）からなることが知られている。これらの放射線が電場および磁場の影響のもとで示す偏曲を調べることによって、これらの粒子の運動法則を非常にくわしく研究できる。

これらの電子を理論的に取り扱うさい、電気力学だけではその性質について説明することができない、という困難と闘わねばならなかった。なぜかといえば、**同じ**符号の電気量は相反発するから、電子を構成する負の電気量は、これまでわれわれの知らない別種の力がその間に働かないかぎり、[*] 相互作用の影響によってたがいに反発して散り散りになるにちがいない。いま、電子を構成する電気量の相対的距離が電子運動のさいにも変化せずにいる（古典物理学の意味で剛体的な結合をしている）と仮定するならば、電子に関するある運動法則が得られるが、それは経験と合わない。H・A・ローレンツは、純粋に形式的な見地から、電子という物体が運動によってその運動方向に$\sqrt{1-v^2/c^2}$という式に比例して収縮する、という仮説を最初に導入した。この仮説は、電気力学的にはどうしても正当化されないのだが、近年経験的にたいへん精密に確証された運動法則を与えるのである。

相対性理論は、電子の構造と行動についてなんら特別な仮説を必要としないで、同じ運動法則を与える。第13章で見たように、フィゾーの実験のさいにも事情は同じであって、相対性理論がその結果をもたらすのに、流体の物理的性質について仮説をもうける必要もない。

ここで指摘される第二種の事実は、地球上での実験において、宇宙空間における地球の運動が感知できるかどうかという問題にかかわっている。すでに第5章で触れたのだが、そのようなすべての努力は否定的な結果をもたらした。相対性理論が構築される前は、この否定的な発見をつじつまの合うように説明するために、科学は非常な

* 一般相対性理論は電子の電気量が重力によって凝集しているという考えを説いている。

難儀を味わったのである。すなわち、その事情はつぎのようなものであった。時間と空間に関する因襲的な偏見のために、一つの基準体から他の基準体への移行はガリレイ変換に服するということを、少しも疑問に思わなかったのである。さて、ある基準体Kにマックスウェル-ローレンツの方程式があてはまると仮定すれば、Kに対し相対的に等速運動している基準体K'については、座標系KとK'の間にガリレイ変換の関係が成立するとしたとき、その方程式があてはまらないことがわかる。それゆえ、すべてのガリレイ座標系のうちで、特定の運動状態をするものが一つ（K）選び出されるように思われる。その結果は、物理的にはある仮想的な光エーテルに対してKが相対的に静止していると見なす、と解釈された。それに反して、Kに対して運動しているすべての座標系K'は、エーテルに対して動いていなければならなかった。エーテル（K'に対して相対的な〈エーテルの風〉）に対するK'のこの運動には、K'に対して相対的にあてはまるべきいっそう複雑な法則があてられた。また地球に対しても、このエーテルの風が矛盾なく仮定されなければならなかったし、物理学者の努力も長い間それを立証するために費されたのである。

このことに関して、マイケルソンが失敗はありえないような一つの方法を発見した。たがいに反射面を向けあった二枚の鏡が一つの剛体についている、と考えよ。光線が、一方の鏡からもう一つの鏡へ行ってまた戻ってくるのに、この全系が光エーテルに対して静止している場合には、はっきりと決まった時間Tだけかかる。しかし、鏡とともに物体がエーテルに対して運動している場合は、この過程に対して(計算によって)やや違った値の時間T'を見いだす。実はそればかりではない！　計算の与えるところによれば、その物体が鏡の面に対して垂直に動いている場合と、鏡の面に対して平行に動いている場合とでは、エーテルに対して与えられた速度vをもってするこの時間T'が異なっているはずである。このように、これら二つの所要時間の差はわずかではあるが計算で与えられたので、マイケルソンとモーリーは、その差が明らかに出てこなければならない干渉実験を行なった。しかし実験は否定的な結果に終わり、物理学者たちを非常に困惑させた。ローレンツとフィッツジェラルドは、エーテルに対する物体の運動がちょうど上述の時間差を消すだけの収縮をその運動方向に起こす、と仮定することによって、その困惑から理論を救った。第12章の説明と比較すれば、相対性理論の立場からも、この救助策が正しいものであることがわかる。この間の事情は、相対性理論によれば、たとえようもなく満足に理解できるのである。相対性理論に従えば、エーテルの概念の導入を許すような特別な座標系は存在しないのであり、さらにエーテルの風とか、そのようなものを立証する実験とかも存在しないのである。ここでは運動物体の収縮ということが、その理論の二つの根本原理から特別の仮説もいらずに導かれるのである。しかも、その収縮を決定づけるものとしては、運動それ自体——われわれはそれに何の意味も与えられない——ではなく、その時々に選ばれた基準体に対する運動がものをいうのである。すなわち、マイケルソンとモーリーの鏡つき物体が収縮するのは、地球とともに運動する基準系に対してではなく、太陽に関して相対的に静止している基準系に対して、なのである。

第17章　ミンコフスキーの四次元空間

数学者でないものが〈四次元〉と聞くと、ある神秘的な戦慄、舞台の幽霊が生むそれに似ていなくもない感情に捉えられる。にもかかわらず、われわれの住む世界は四次元の時空連続体であるということほど、陳腐な言明もないのである。

空間は三次元連続体である。このことは、ある(静止する)点の位置が三つの数(座標)x、y、zで記述できること、および座標値(座標)x_1、y_1、z_1で位置が表わされ、先に示した座標x、y、zに任意に接近できるような任意の〈近傍〉点が各点に存在すること、を意味している。このような性質のゆえにわれわれは〈連続体〉といい、座標が三つの数からなるので〈三次元〉という。

同じように物理現象の世界は、ミンコフスキーによればたんに〈世界〉と呼ばれるが、当然のことながら時空的な意味で四次元である。というのは、それは個々の事象が集積してなる世界であり、それらのすべては四つの数、すなわち三つの空間座標x、y、zと時間座標、時間の値tによって記述されるからである。〈世界〉は、この意味においてまた連続体である。なぜかといえば、それぞれの事象には任意に〈近傍〉となる（現実のあるいは思考上のでも）事象が存在し、それらの座標x_1、y_1、z_1、t_1を、考察している本来の事象の座標x、y、z、tと任意にわずかしか異ならないようにできるからである。世界をこの意味での四次元連続体として把握することに慣れていないのは、相対性理論以前の物理学における時間が、空間の座標に対して異なる、むしろ独立な役を演じていたことによるのである。そのため時間を独立な連続体として扱うことに慣れてきたのである。実際、時間は古典物理学によれば絶対的である、すなわち、基準系の位置**および運動状態**に無関係である。このことはガリレイ変換の第4の式（$t'=t$）に表現されている。

〈世界〉の四次元的な考察方法は、相対性理論によって与えられる。というのは、まさにその理論によって時間はローレンツ変換の第4の式

$$t'=\frac{t-\frac{v}{c^2}x}{\sqrt{1-\frac{v^2}{c^2}}}$$

の示すようにその独立性を奪われるからである。であるから、この式によればK'を基準とする二つの事象の時間差$\Delta t'$は、Kを基準とする同じ時間差Δtが消えるときでも、一般には消えないのである。Kを基準とする二つの事象の純粋に空間的なへだたりは、K'を基準とする同じ事象間の時間的なへだたりとなるのである。まだここには、相対性理論の形式的な展開のためにミンコフスキーがなした重要な発見は入っていない。むしろそれは、相対性理論の四次元連続体が、その決定的な形式上の性質において、ユークリッド幾何空間の三次元連続体と実に広範な親近性を見せているという認識にあるのである。* この親近性を完全にはっきりさせるには、まさに普通の時間座標tのかわりに、それに比例する虚数$\sqrt{-1}ct$を入れねばならない。そうすることで、(特殊)相対性理論の要請を満足する自然法則は、時間座標が三つの空間座標とまったく同じ役を演ずるような数学的形式をとるのである。この四つの座標は、形式的にはまさにユークリッド幾何学の三つの空間座標に相当している。この純粋に形式的な認識によって、特別に相対性理論の展望が効くようになったに違いないということは、数学者でないものにもわかるはずである。

以上の不十分な指摘では、ミンコフスキーの重要な考えについて、ただ漠然としたた観念を読者に与えるにすぎない。しかしその考えがなかったら、つぎに彼の根本思想

*　付記2のやや詳細な説明を参照されたい。

を展開して得られる一般相対性理論は、たぶん産着にくるまれたままで発育しなかったことだろう。しかし、特殊相対性理論にしても一般相対性理論にしてもその根本思想を理解しようとしたら、数学に慣れていない読者にとって、疑いもなく近寄り難い対象ではあるが、より精確に把握することも必要となるから、ここではこの程度にしておいて、いずれ本書の最後の説明で再度戻ってくることにしよう。

II

一般相対性理論について

第18章　特殊および一般相対性理論

これまで論じてきた話の軸になった根本命題はすべて、**特殊**相対性原理、すなわちすべての**一様な**運動についての物理的相対性の原理であった。その内容についてもう一度くわしく分析してみよう。

あらゆる運動は、その概念からして**相対的**運動としてのみ考えねばならないことは、いつのときでも明らかであった。軌道堤と列車という、たいへん有用な例を使えば、そこで起こっている運動の事実はつぎの二つの形に表現できるのであり、それはともに等しく正当である。

（1）　列車が軌道堤に対して相対的に運動する

（2）　軌道堤が列車に対して相対的に運動する

これらの表現では、（1）の場合は軌道堤が、（2）の場合は列車が基準体として用いられている。運動をただ確定ないし記述する場合には、その運動にどのような基準体をあてがおうとも、原理的にはみな同じである。このことはすでにいったように自明なことであるが、これと、われわれが〈相対性原理〉と呼び、われわれの研究の根底に置いたもっと包括的な言明とを、混同してはならない。

われわれの用いる原理は、たんにどの事象を記述するにも、基準体として列車をとろうが軌道をとろうが同じであることを主張するのではない（というのは、これもまた自明なのだから）。わが相対性原理はそれ以上のことを主張する——すなわち、

（1）　軌道堤を基準体とする場合

（2）　列車を基準体とする場合

の経験から与えられる一般自然法則を立てるならば、この一般自然法則（たとえば力学の法則あるいは真空中の光の伝播法則）は両者の場合まったく同じ内容になる。これはまた、つぎのようにもいえる。すなわち、自然の諸過程を**物理的に**記述するにあ

たって、基準体K、K'のうちどちらが他よりも特別視されるべきか、ということはいえない。この後者の言明は、前の言明のようには、ア・プリオリに必然的に妥当であるとはいえない。その言明は〈運動〉と〈基準体〉という概念にはふくまれていないし、それらから導くこともできない。ただ**経験**だけが、それらの正否を決定できるのである。

しかしわれわれは、これまで自然法則の定式化にあたって、けっして**すべての**基準体Kの同等性を主張したことはなかった。われわれのとった道は、むしろつぎのようなものであった。第一にわれわれは、ガリレイの根本定理——他のすべての質点から十分遠くへだたって孤立している質点は一様かつ直線状に動く——があてはまる運動状態の基準体Kが存在する、という仮定から出発した。K（ガリレイの基準体）に関して、自然法則はできるだけ簡単であるべきであった。しかしKを除けば、Kに対して相対的に**まっすぐ一様な回転のない運動**をしているようなすべての基準体K'が、その意味において優遇され、自然法則の定式化についてはKとまったく同等であるべきであった。すなわち、これらの基準体はすべてガリレイの基準体と見なされる。これらの基準体に対してのみ相対性原理があてはまると見なされ、他の（違った運動をする他の）ものに対してはあてはまらないとされた。われわれが**特殊**相対性原理あるいは特殊相対性理論について語るのは、この意味においてである。

それに対して、ここでは〈一般相対性原理〉のもとに、すべての基準体K、K'……が自然の記述（一般自然法則の定式化）にさいして同等である、という主張を理解しようと思う。しかし、いまただちに指摘すべきことは、この定式化を、もっとあとで明らかになる理由によって、より抽象的なものと置きかえなければならないということである。

特殊相対性原理の導入が正当化されてからというものは、一般化を希求する精神の持主がいずれも、一般相対性原理に向かってあえて一歩を踏み出す誘惑に駆られたのは当然である。しかしある簡単な、明らかに全幅の信頼が置ける考察から、このような研究がまず見込みなさそうに思われるのである。読者が、すでにしばしば考察の対象になった一様運動をする列車内にいる、と考えよ。列車が一様に走っている間は、列車が走っていることについて乗客は何も気がつかない。したがって、乗客はこの情況を内心抵抗なく、列車は静止していて軌道堤のほうが動いているように考えることができる。この解釈は、さらに特殊相対性原理によって物理学的にも完全に正しいとされる。

さてしかし、列車の運動が強くブレーキをかけられるなどによって一様でないものに変わるときには、乗客は前方に向かってそれに相応する強い衝撃を受けるだろう。列車の加速度運動は、列車に対して相対的な物体の力学的振舞いから明らかにされる。

すなわち力学的振舞いが、前に考察した場合とは異なるのである。そして、それゆえに一様でない運動をする列車に関しては、静止している列車あるいは一様運動をする列車についてと同じ力学法則が相対的にあてはまることはありえないように思える。一様でない運動をする列車に関してガリレイの根本原理があてはまらないことは、いかなる場合にも明らかである。したがって一様でない運動については、やむをえず一般相対性原理とは違って、一種の絶対的な物理的実在を認めたい気持ちに駆られる。しかし、以下の点からすぐこの結論は支持されないことがわかるであろう。

第19章　重力場

「石を持ちあげてそこで放したとき、どうして地に落ちるのか?」という問いに対してはふつう「石が地球に引かれるから」と答える。近代物理学は、つぎの根拠から少し異なる答えをつくり出す。電磁気現象をくわしく研究することによって、媒介のない遠達作用は存在しないという認識に達した。たとえば磁石が鉄片を引くとすれば、磁石が両者の間の何もない空間を通して直接に鉄に働きかける、という認識には満足できないで、ファラデイのように、磁石がつねにその周囲の空間に何か物理的な実在物を励起すると考え、それを〈磁場〉と名づける。この磁場が一方ではまた鉄片に働きかけて、磁石の方へ鉄片が動こうとするようになる。こういう任意なそれ自体がどちらともとれる概念の正否について、ここでは議論したくない。ただ指摘しておきたいことは、その助けがあると、助けのないときにくらべて、電磁気現象とりわけ電磁波の伝播を理論的にずっと満足に説明できることである。また、重力の作用についても同様なことが考えられる。

石に及ぼす地球の作用は間接的に行なわれる。地球はその周囲に重力場を生じ、これが石に働きかけて落下運動をさせる。地球から遠ざかるにつれて、物体に及ぼすその作用の強さは、経験から知られるように、まったく一定の法則に従って減少する。われわれの見解によれば、それはこういうことである。すなわち重力場の空間的特性を支配する法則は、その作用物体が遠ざかるにつれて重力作用が減少することを正しく説明するような、厳密に特定した形をとらなければならない。ここで考えられているのは、物体（たとえば地球）は直接に磁場をそのすぐ近傍に生ずるということである。したがって、より遠隔のところでの場の強さと方向は、重力場そのものの空間的特性を支配する法則によって定められるのである。

重力場は、電場や磁場に比較して一つのたいへん著しい特性を示しており、その特性は以下の議論にとって根本的に重要となる。重力場の作用だけを受けて運動する物体は、**その物質にも物体の物理的状態にも少しも関係しない**加速度を受ける。たとえば鉛片と木片とを初速度0あるいは同一初速度で落とすと、（空気のない空間の）重力場ではまったく相等しく落下する。この法則はまったく精密にあてはまるのであるが、つぎのような考えにもとづいて、もう一つ別の形式で与えることができる。

ニュートンの運動法則によれば

$$\text{力}=\text{慣性質量}\cdot\text{加速度}$$

で、この場合〈慣性質量〉とは加速される物体に固有な特定値である。さて、いま加速させる力が重力ならば、これはまた

$$\text{力}=\text{重力質量}\cdot\text{重力場の強さ}$$

で、〈重力質量〉も同様に物体に固有な特定値である。この二つの関係から

$$\text{加速度}=\frac{\text{重力質量}}{\text{慣性質量}}\cdot\text{重力場の強さ}$$

が得られる。

さて経験から知られるように、与えられた重力場において、物体の性質および状態に関係なくつねに加速度が同一であるとするならば、重力質量と慣性質量の比も同様にすべての物体に関して等しくなければならない。したがって、単位を適当に選べばこの比を1とすることができる。さてここに、物体の**重力**質量と**慣性**質量とはたがい

に相等しい、という定理が成り立つ。

これまでの力学はこの重要な定理をたしかに**書きとめ**てはいるが、**解釈**をしていなかった。一つの満足な解釈は、物体の**同一の**性質が状況によって〈慣性〉あるいは〈重さ〉として現われることを認めさえすれば、得られるのである。どの程度までそれが実情に即しているのか、およびこの問題が一般相対性理論とどうつながっているかについては、つぎの章で述べよう。

第20章　一般相対性公準の論拠としての慣性質量および重力質量の同等性

われわれは、空虚な宇宙空間の広大な部分を考える。それは星や他の有力な質量からたいへん遠ざかっているので、ガリレイの根本原理で予見される場合を十分正確に表わしていると考えられる。このときこの世界の部分に対して、相対的に静止している点は静止しつづけ、運動している点は直線的に一様な運動をつづけるように、ガリレイの基準体を選ぶことができる。基準体として、部屋の形をした広大な箱を考える。その中に装置を備えた観測者がいる。この観測者にとって、もちろん重力というものは存在しない。したがって、観測者は紐でからだを床に縛りつけておかねばならない。そうしないと、ほんの少しでも床を突っついただけで、部屋の天井の方へふわりと浮かび上がってしまうであろう。

箱の蓋の中央外部にザイルをつけたハーケンが取りつけられて、われわれには無関係な種類の存在者が一定の力でこれを引き始めるとせよ。そのとき、箱は観測者もろとも一様な加速度運動で〈上方〉へ飛びはじめる。その速度は時間のたつにつれて、想像もつかない大きさへと増大する――すべて綱で引かれていない別の基準体からこれを判断しているものとして、である。

しかし、箱の中の人はこの過程をどう判断するだろうか？箱の加速度は、箱の床そのものの反動によってその人に伝えられる。したがって、その人が床の上に横になって寝ていたいと思わなければ、脚でその圧力を感知するにちがいない。そのときには彼は、まったくわが地球上の家の部屋の中にいる人のように、箱の中に立っていることになる。もしも彼が前から手に持っていた物体を放すならば、それにはもはや箱の加速度は伝わらないであろう。したがって物体は、箱の床に相対的な加速度運動をして近づくであろう。さらに観測者は、**たとえどのような物体についてその実験をやってみても、物体の床に対する加速度がつねに同じ大きさになること**を確信することだろう。

したがって箱の中の人は、前の章で語ったような重力場の知識にもとづいて、自分が箱ぐるみでほとんど時間的に一定な重力場にあるという結論に達するだろう。もちろん、箱が重力場に置かれていても落下しない点を、一瞬だがいぶかしく思うだろう。

しかしそのとき、屋根の中央にハーケンがあって、それにピーンとザイルが張られているのを発見する。そのことから、箱は重力場に静かに吊るされているという結論に達する。

われわれはその人のことを嘲笑して、事態の把握を間違えているといってよいだろうか？　私が思うに、われわれが論理の一貫性を守りたいならばそうすべきではないし、彼の把握方法が理性とも、またこれまでにわかっている力学法則とも衝突しないことを認めなければならない。その人が先に考察した〈ガリレイ空間〉に対して加速されているときでもなお、われわれはその箱が静止していると見なすことができる。したがって、たがいに相対的に加速している基準体にも相対性理論を拡張するのに十分な根拠をわれわれはもつことになり、普遍化した相対性公準に対する有力な論拠を得るにいたった。

この把握方法が可能になるのは、すべての物体に同じ加速度を与えるという重力場の基本的特性、あるいは同じことだが、慣性質量と重力質量の同等性定理*によるのであることに、よく注意してもらいたい。もしこの自然法則が成立しなければ、加速されている箱の中の人は、その周囲の物体の振舞いを重力場にあるという前提から説明することはできないだろうし、その基準体を〈静止している〉ものと前提することになんの経験的**根拠**も与えられないだろう。

* （訳注）原文は、Satz von der Gleichheit……だが、いまは、等価原理（Äquivalenzprinzip）がよく使われる。

箱の中の人が箱の天井の内側にザイルを固定して，そのあいているほうの端に物体を吊るすとする。こうすると，ザイルはピーンと〈垂直に〉たれることになるだろう。われわれはこのザイルの張力の原因を尋ねる。箱の中の人はいうだろう。「吊るされている物体は重力場において下向きの力を受け，それはザイルの張力と釣りあう。ザイルの張力の大きさを決めているのは，吊るされている物体の**重力質量**である」と。一方，空間に自由に浮かんでいる観測者は，その状況をつぎのように分析するだろう。「ザイルは箱の加速度運動にともなわざるえないから，それに結びつけられている物体にその運動を伝える。ザイルの張力は物体の加速度を生ずるにちょうどよいだけの大きさである。ザイルの張力の大きさを決めているのは，物体の**慣性質量**である」と。この例からわかるように，相対性理論の拡張は，慣性質量と重力質量の同等性定理を**必然的なもの**として示している。このようにして，この同等性定理の物理的解釈が得られる。

以上の，加速される箱の考察からわかるように，一般相対性理論は，重力法則に関して重要な結論を与えるにちがいない。事実，一般相対性の考えを系統的に追究していくことによって，重力場が満足するような法則を与えることになったのである。しかしここで先に進む前に，これらの解釈によって暗示される誤解について，読者に注意しておかなければならない。箱の中の人に対しては重力場は存在するが，先に選んだ座標系に対してはそのようなものが存在しなかったのである。さてここで、重力場の存在はつねに**見かけのもの**にすぎないとすることは、だれしも容易に思いつくことであろう。たとえどんな種類の重力場が存在しようとも、つねにもう一つ別の基準体を選んで、それに対しては重力場が存在**しない**ようにできる、とも考えられよう。しかし、これはけっしてすべての重力場に対してあてはまるものではなく、ただまったく特殊な構造をもつものにのみ妥当するのである。たとえばある基準体を選んで、それから判断すれば地球の重力場が（その広がりのすべてにわたって）消えるようにすることなどはできない。

ここにいたって、第18章の終わりで一般相対性理論に対して提起された論議がなぜ説得力を欠いているかがわかるのである。ブレーキをかけられた列車の中にいる観測者が、ブレーキの結果、前方へと衝撃を感ずること、およびそのために列車の運動が一様でないことに気づくことは、まったく正しい。しかしなんぴとといえども、この衝撃を列車の〈実際の〉加速度のためであるとせよ、とその観測者に強いるわけにはいかない。彼は自分の体験を、つぎのようにも解釈できるのである。すなわち、「私の基準体（列車）はずっと静止状態にある。しかし、（ブレーキをかけている間は）この基準体に関して時間とともに変わる前方向の重力場が支配する。その影響のために、軌道堤は地球とともに一様でない運動をして、そのさいもともとは後方に向いていいた軌道堤の速度をだんだんと減らすようにするのである。この重力場こそ、観測者に衝撃を与えるものである」と。

第21章　古典力学と特殊相対性理論の根拠はどれほど不満足なものであるか？

すでになんどとなく述べたように、ほかの諸質点から十分にへだたった質点は、直線的に一様な運動をするか静止状態をつづけるかである、という命題から古典力学は出発する。またこの根本法則は、相対的におたがいに一様な並進運動をしている、ある特殊な運動状態にある基準体Kにだけあてはまるものであることを、しばしば強調しておいた。この法則は、ほかの基準体K'に対してはあてはまらないのである。したがって、古典力学においても特殊相対性理論においても同様に、それに対して自然法則が適合する基準体Kと、自然法則が適合しない基準体K'とが区別されるのである。

しかし論理的に筋道をたてて考える人は、このような説明では満足できない。彼は問う、「一定の基準体（またはそれらの運動状態）をほかの基準体（またはそれらの運動状態）に対して優先特記することがどうしてできるのか？　**この優先の根拠はなんであるのか？**」と。この問いの意味をはっきり示すために、私は一つの比喩を用いることにしよう。

私はガスレンジの前に立っている。その上に鍋が二つ隣りあわせに並んでいて、たがいに区別のつかないほど似ている。二つとも水が半分満たしてある。その一方からはたえず湯気が立ち昇るが、他方からはそれが認められない。たとえこれまでガスレンジと鍋というものにお目にかかったことがないとしても、このことは不思議に思うことだろう。さて、最初の鍋の下にはなにか青白く輝くものが認められるが、二番目の下にはそれがないことがわかれば、たとえまだガスの焔というものを見たことがなくても、私の疑問は氷解することだろう。というのは、その青白いなにかは蒸気の発生の原因となるのだろう、あるいは少なくとも**たぶん**原因となっている、と言うことだけはできるからである。しかし、どちらの鍋にもその青白いなにかが認められず、それでいて一方がたえず蒸気を出し、他方には湯気がないとなると、この二つの鍋の異なった振舞いを説明できるなにかの事情を見いだすまでは、私は不思議に思い満足できないでいる。

同様にして私は、古典力学の中で（または特殊相対性理論の中で）、基準系KとK'に対する物体の異なった振舞いをそれに帰すことができるような、なにか実在するものがないか、と空しく求める。* ニュートンはすでにこの異論を知っていて、それを無効にしようとしたが徒労に終わった。しかし、E・マッハはそれをもっとも明確に認識していて、そのために力学は新しい基礎の上に打ち立てられねばならない、と要求した。この異論は、一般相対性原理に即応する物理学によってのみ避けられるであろう。なぜなら、このような理論の方程式ならば、それがどのような運動状態にある場合でもすべての基準体に対して、あてはまるからである。

*　この異論は、基準体の運動状態がそれを維持するためになんの外力も必要としないようなものであるとき、たとえば基準体が一様に回転している場合にとりわけ重要である。

第22章　一般相対性原理からのいくつかの結論

第20章での考察から示されるように、一般相対性原理は、純粋に理論的な方法で重力場の特性を導く立場にわれわれを置いている。すなわち、ある自然現象の時空的経過が知られていて、それがガリレイ物理学の領域において、ガリレイ基準体Kに対して相対的にどのように生じているかがわかっているとしよう。とすると、基準体Kに対して相対的に加速されている基準体K'からは、この既知の自然過程がどのように見えるかを、純粋に理論的な操作によって、すなわちたんなる計算によって見いだすことができる。しかし、重力場はこの新しい基準体K'に対して相対的に存在するのであるから、この考察によって、重力場がいま研究中の過程にどのような影響をもたらすかを知ることができる。

たとえば、Kに対して一様な直線運動をする（ガリレイの定理に対応して）物体が、加速される基準体K'（箱）に対しては加速度運動、一般には曲線運動をとることを知る。この加速度または曲率は、K'に対して支配的な重力場が運動体に及ぼす影響と一致する。このように重力場が物体の運動に影響を及ぼすことはよく知られており、したがって、この考えからはなにも原理的に新しいことが提供されるわけではない。

しかしながら、もしも光線に対して同様な考えを貫くとするならば、根本的に重要な新しい一つの結果が得られる。ガリレイの基準体Kに対して、光線は速度cで直線的に進む。加速される箱（基準体K'）に関しては、容易に導かれるように、その光線の軌跡はもはや直線ではない。このことから、**光線は重力場においては一般に曲線的に伝播する**、と結論される。この結果は、二重の観点からとりわけ重要である。

すなわち、第一に、このことは実際と比較できることである。一般相対性理論が与える光線の彎曲は、詳細に考察すれば、われわれの経験の及ぶかぎりの重力場においてはきわめてわずかしかないことがわかるが、太陽の近傍を通る光線については1.7秒弧の大きさに達するはずである。このことは、皆既食のさい太陽近傍に現われる恒星が観測にひっかかれば、太陽が天空の別の場所にあるときにその星が天空で占める位置にくらべて、太陽からその分だけ位置がずれているように見えるはずだ、ということから示されるにちがいない。この結論が当たっているか否かを検証することは非常に重要な課題であり、われわれは、それがまもなく天文学者によって解かれることを望みたい。*

第二にはこの結果の示すように、一般相対性理論によれば、特殊相対性理論の二つの根本仮定の一つを構成する、真空中の光速度一定というこれまでしばしばいわれてきた原理の、無制限な適用を要求しえないということである。すなわち、光の伝播速度が場所ごとに変わる場合にだけ、光線の彎曲が生じるのである。いまやこの結果から、特殊相対性理論、またはそれをふくめて相対性理論全体が破産するとも考えられよう。しかし、実はそうはならないのである。ただ、特殊相対性理論は無制限にその妥当性を要求しえない、と結論されるだけである。すなわち、それが与える結果が有効なのは、ただ現象（たとえば光の）に対する重力場の影響を無視できるかぎりにおいてだけなのである。

相対性理論の反対者が、特殊相対性理論は一般相対性理論によって転覆されたとしばしば主張しているので、私はある比較によって実際の事実関係を明らかにしようと思う。電気力学が成立する前には、電気の法則として静電気の法則がそのまま認められていた。われわれは今日では、静電気学は電気質量がたがいに、および座標系に対して相対的に厳密に静止しているという、現実には厳しすぎて起こりえないような場

* この理論が要請していた光の彎曲の存在は、1919年3月30日の日食のさい、天文学者エディントンとクロムリン指揮の王立協会をスポンサーとする二つの探険隊が、写真撮影して確定した。

合にだけ、電場を正しく記述できることを知っている。だからといって、静電気学が電気力学の場に関するマックスウェル方程式によって覆えされたのだろうか？　けっしてそうではない！　静電気学は、極限の場合として電気力学に含まれる。すなわち電気力学の法則は、場が時間的に不変である場合にはただちに静電気学の法則に帰するのである。ある物理学の理論がみずからより包括的な理論の定立のための道を示し、おのれはその極限の場合として生きながらえるとき、それはその理論のもっとも美しい運命なのである。

いま扱った光の伝播の例で知ったように、すでに重力場がない場合に知られている法則を手掛りとして、理論的な筋道をたどって、一般相対性理論から、現象の経過に重力場がどう影響するかを導くことができる。一般相対性理論が解法の鍵を提供するこの魅惑的な問題は、しかしながら重力場自体が満足する法則の発見にかかわっている。ここでの事実関係はつぎのとおりである。

基準体を適当に選ぶことによって（近似的に）〈ガリレイ的〉に振舞う時空領域、すなわち重力場のない領域のことはわれわれは知っている。いま、そのような領域を任意に運動している基準体K'に準拠させるならば、K'に関して時間的および空間的に変化する重力場が存在する。* もちろんその重力場の性質は、K'の運動をどう選ぶかによって決まる。重力場の一般法則は、一般相対性理論によれば、すべてこのようにして

*　このことは第20章における考察の一般化から導かれる。

得られる重力場を満足させるにちがいない。さて、重力場がけっしてこのようにはすべて作られていないとしても、われわれは、特別な種類の重力場から重力の一般法則を導くことができるという希望を抱く。この希望は、もっとも美しい形で実現されたのである！　しかしその目的を明確に読みとり、実際に目的を達成するまでには、重大な困難に打ち克つ必要があったのである。私は、その困難が深く事柄の本質に根ざしているがゆえに、読者にそれを打ち明けないわけにはいかないのである。ここで、時空連続体の概念を再度深めていく必要がある。

第23章　回転基準体上の時計と測量棒の関係

これまで私は、一般相対性理論における時間的空間的な値の物理的解釈について、わざと何もいわなかった。そのために、私はいささかその扱いにおいて粗放の罪を負っている。特殊相対性理論から知っているように、その罪を軽く大目に見てすませるわけにはいかない。いまやこの欠陥を補うよい機会である。しかし、あらかじめ注意しておくが、この問題は読者にかなりの忍耐力と抽象力を要求しないわけにはいかない。

われわれは、これまでしばしば引用してきたまったく特殊な場合から出発する。適当に選んだ運動状態の基準体Kに対して相対的に重力場が存在しないような、一つの時空領域があるとせよ。そのさい、注目しているこの領域に関してKがガリレイ基準体であり、特殊相対性理論の諸結果はKに対して相対的に適合する。その同じ領域を、Kに対して相対的に回転している第二の基準体K'に準拠させて考えることにする。われわれが考えている像を確定するために、ここに一つの平らな円盤があって、その中心のまわりを同じ平面内で一様に回転している姿K'を考える。円盤K'上のへりに腰かけている観測者は、直径方向に外方へ向かう力を感ずる。その力は、本来の基準体Kに対して相対的に静止している観測者によれば、慣性の作用（遠心力）と解釈されるであろう。だが、円盤上に腰かけている観測者は、円盤の方を〈静止している〉基準体と見なすかもしれない。一般相対性原理にもとづけば、そう考えても正しいのである。彼は、自分および一般に円盤に対して相対的に静止している物体に働く力を、重力場の作用として把握する。もちろんこの重力場の空間的な配置は、ニュートンの重力理論からは不可能であるような代物である。* しかし、観測者は一般相対性理論を信じているから、このことで動揺したりはしない。彼は正当にも、天体の運動ばかりでなく自分が知覚する力の場をも正しく説明するような、一般相対性理論が打ち立てられることを希望するのである。

この観測者は、その円盤上で時計と測量棒とをもち、観測にもとづいて、円盤K'に関する時間的および空間的な値の意味について厳密な定義を得るつもりで実験する。そのさい、彼はどのような経験をするであろうか？

*　その重力場は円盤の中心で消滅し、中心から外側へへだたるにつれて増加する。

観測者はまず、二つの同じ状態の時計のうち一方を円盤の中心に、他方をそのへりに置き、二つとも円盤に対しては相対的に静止しているようにする。つぎにわれわれは、これら二つの時計が、回転しないガリレイ基準体Kから見て同じ速さで動いているかどうか、自身に尋ねる。この基準体から判断すれば、中心にある時計は速さが0であるが、一方へりにある時計は、回転のためにKに対して相対的に運動している。したがって第12章の結論により、円盤のへりにある時計は中心にある時計よりも、Kから判断してゆっくりと針が進む。円盤の中心で、そこの時計のわきに坐っているものと想定される円盤上の男も、また、明らかに同じことを確認しなければなるまい。わが円盤上では、さらに一般的にいえばすべての重力場において、時計はそれが（静止して）置かれている位置によって速くも遅くもなるだろう。したがって、基準体に対して相対的に静止して置かれた時計の助けを借りて時間を合理的に定義しようとしても、不可能なのである。先の同時性の定義をここに適用しようとすると、同じような困難が示されるが、このことについてはもうこれ以上立ち入らないことにする。

しかし空間座標の定義も、またここで、まず越え難い困難にぶつかる。すなわち円盤とともに運動する観測者が、1単位の測量棒(円盤の直径にくらべて小さな棒切れ)を円盤のへりにそれと切線をなすように置くならば、ガリレイ系から判断して、それは1より短くなる。というのは、第12章によれば、運動体はその運動方向に短縮することになるからである。それに対して測量棒を円盤の直径方向に置けば、Kから判断して、こんどはちっとも短縮しない。したがって、観測者が測量棒でまずその円盤の円周を測り、つぎにその直径を測って、この二つの測定値について割算を行なっても、商としてご存じの数$\pi=3.14\cdots$とはならず、より大きな数値になることがわかる。* 一方、Kに対して相対的に静止している円盤上では、この操作によって、当然のことだが厳密にπを与えるにちがいない。こうしてユークリッド幾何学の定理は、回転盤上および一般に重力場において、少なくともこの棒切れの長さをすべての位置またはすべての向きにおいて1とするときには、十分にあてはまらないことがすでに証明されたわけである。こうして、直線の概念もまたその意味を失う。それゆえ、われわれは、円盤に対して相対的な座標x、y、zを、特殊相対性理論に用いた方法に従って厳密に定義するわけにはいかない。しかし、事象の座標と時刻が定義されないかぎり、この座標時を含む自然法則もまた、厳密な意味をもたないのである。

かくして、われわれがこれまで一般相対性にもとづいて設定してきたすべての配慮が疑問にさらされているように思われる。事実、一般相対性の公準を厳密に用いるためには、ある微妙な回り道を必要とする。これについては、つぎの考察をもって読者のための準備とすることにしよう。

*　この考察の全体を通じて、ガリレイの(回転しない)系Kを基準体として用いなければならない。というのは、Kに対してのみ相対的に特殊相対性理論の結果が妥当であると見なされる(K'に対しては相対的に重力場が支配しているからあてはまらない)からである。

第24章　ユークリッドおよび非ユークリッド連続体

目の前に、一つの大理石机がその面を見せて置いてある。私は、そのどこかの一点から出てどこか別の点に到達できる。そのさい（なんどもなんども）数えきれないほど〈近傍の〉点へと移る、あるいはいいかえると、点から点へ〈飛躍〉なしに移ってゆく。ここで〈近傍〉とか〈飛躍〉とかで何を意味しているかは、きっと読者には（あまり気むずかしい人でなければ）十分鋭敏に感じとってもらえることだろう。このことを、その表面が一つの連続体であるということによっていい表わす。

いますべて同じ長さで、机の大きさにくらべて小さな棒切れを非常にたくさん作ったと考えよう。同じ長さということは、どの二つの棒切れの両端もぴたり一致することを意味している。さて、われわれはこういう棒切れを四本、たがいにそれぞれの端が四角をつくり、それらの対角線が同じ長さになる（すなわち正方形）ように机の上に並べる。対角線を等しくするために、テスト棒を一本用いる。この正方形の側に、その一辺を共通とするもう一つ同じ正方形を置き、この正方形の側にまた一つと、つぎつぎに並べていく。ついに机の全平面が正方形で覆われて、正方形の各辺が二つの正方形に共通になり、正方形のそれぞれの隅が四つの正方形に共有されるようになる。

深刻な困難にもぶちあたらないでこの仕事が実行できるということは、本当に驚異である！　ただ、つぎのことを考える必要がある。すでに三つの正方形が一角に突きあわされているとき、第四の正方形もすでに二辺は置かれていることになる。残る二辺をどのように置かなければならないかは、すでに先の二辺によって完全に規定されている。いまとなっては、もはや私は対角線が等しくなるように、その四角を適当な位置に移すわけにはいかない。それでも対角線がおのずから等しくなっているのならば、それは机の面と棒とによる特別な恩恵なのであって、ただありがたいと驚くばかりである！　この作図が成功するとするならば、同じような驚きをしばしば経験しなければなるまい。

実際にこれらがすべて順調に進捗したならば、机の面の諸点は、〈線分〉として用いられた棒切れに関して一つのユークリッド連続体を構成するといえよう。正方形の一隅を〈原点〉とするならば、ほかのそれぞれの隅を二つの数値でその原点に関して定めることができる。いま注目している正方形の隅に到達するには、原点から〈右〉へ棒切れ何本分、〈上〉へ棒切れ何本分行かなければならないかを指示しさえすればよい。この二つの数は、そこに並べられた棒切れで定まる〈デカルト座標系〉における、この隅の〈デカルト座標〉である。

この思考実験をつぎのように修正することによって、実験が不成功になる場合もありうることが認められる。これらの棒切れが、温度に比例して〈膨張する〉としよう。机の面が中央だけ温められて、周辺は温められないとする。この場合にも、二本の棒切れは机のどの場所においてもつねにぴたり一致する。しかし、正方形の構造はこのさい必然的に無秩序になる。というのは、机の面の中心方向にある棒切れは膨張するが、外側の棒は伸びていないからである。

これらの棒切れ——単位線分として定義される——に関しては、机の面はもはやユークリッド連続体ではない。上に述べたような作図がすでにできないのだから、直接それらの棒切れの助けを借りてデカルト座標系を定義することもまたできない。しかし、机の温度によっては棒切れと同じようには影響されない（あるいはまったく影響を受けない）ような物体が別にあるのだから、それを使えば、この机の面が〈ユークリッド連続体〉であるという見解を無理なく保持することができる。このことは、線分の測定あるいは比較についてのより微妙なとりきめによって満足できるようにな

何学的関係を扱えるかを示した。そして、多次元な非ユークリッド連続体のリーマン的な取扱い法への道を示した。したがって数学者たちは、すでにずっと前から、一般相対性の公準から導かれる形式的問題を解いていたのである。

る。

しかし、あらゆる種類の、すなわちあらゆる材料の棒切れがさまざまな温度をもつ机の面上で、みな**同じように**温度に関して振舞うものならば、そして温度の作用を認知するのに、先に記したような実験での棒切れの幾何学的振舞い以外には手掛りがないとすれば、それらの棒切れの一つがちょうどその机の二点と両端が一致するとき、その二点に距離1を割りふるのは目的にかなうことであろう。というのは、はなはだ勝手なまねをしないかぎり、どのようにして線分を別の仕方で定義できるというのだろうか？　しかしそのさいは、デカルト座標の方法はやめなければならない。そして、剛体に対してユークリッド幾何学を妥当と見なさないような、別の座標と置き換えられなければならない。* ここに述べた状況は、一般相対性の公準がもたらしたもの（第23章）と一致することに、読者は注目すべきである。

*　数学者は、つぎの形でわれわれの問題に直面する。ユークリッドの三次元計量空間において、一つの面、たとえば楕円面が与えられるならば、この面にはちょうど平面におけるように二次元幾何学が成立する。ガウスは、この面が三次元のユークリッド連続体に属していることを用いずに、この二次元幾何学を原理的に扱うという問題を設定した。**その面に**剛体の棒切れで作図をする（前に机の面でやったのと同じように）とすれば、ユークリッド平面幾何学に従うのとは別の法則があてはまるであろう。その面は棒切れに関していえばユークリッド連続体でなく、**その面では**デカルト座標系が定義できないようになっている。ガウスは、どのような原理によればその面における幾

第25章　ガウスの座標

この解析幾何学的な取扱い法は、ガウスによってつぎのように与えられる。机の面上に任意の曲線（第4図）の系が描かれていると考え、それを曲線uと名づけ、それぞれを一つの数で示すとしよう。図では曲線$u=1$, $u=2$, $u=3$と示されている。しかし曲線$u=1$と$u=2$の間には、1と2の間にあるすべての実数に対応するさらに無限の数の曲線がある。こうして、机の全面を無限にびっしりと覆うu曲線の系があることになる。u曲線はたがいに交わらず、机の面のどの点を通る曲線も一本、そして一本だけしか引けない。こうして、机の表面のどの点にも完全に決まったuの値が割りふられる。同様に、机の表面にv曲線の系が示されるとせよ。その曲線は前と同じ条件を満たし、相対応する方法で数が指定されるが、同様に任意の形をとってもよい。そ

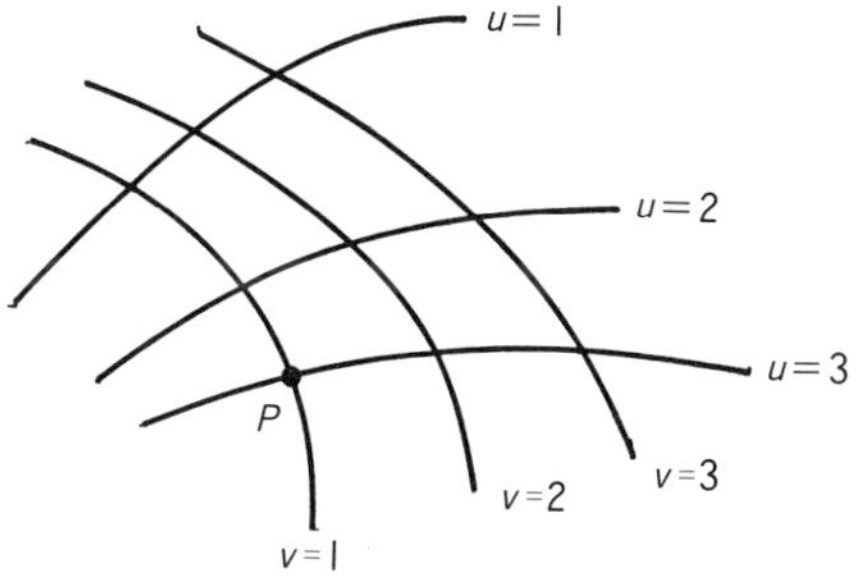

第4図

のさい机の面のそれぞれの点にuの一つの値とvの一つの値が属し、この二つの数を机面の座標（ガウス座標）と呼ぶ。たとえば図の点Pはガウス座標では$u=3, v=1$である。面上での二つの近傍の点PとP'は、したがって、座標が

$$P: u, v$$
$$P': u+du, v+dv$$

となる。この場合duとdvは非常に小さな数を意味する。棒切れで測ったPとP'の距離を、同様に非常に小さな数dsとしよう。このさいガウスによれば

$$ds^2 = g_{11}du^2 + 2g_{12}dudv + g_{22}dv^2$$

この場合のg_{11}, g_{12}, g_{22}は、まったく一定の仕方でuとvによって決まる量である。量g_{11}, g_{12}, g_{22}はu曲線とv曲線に対して相対的に、また机の面に対しても相対的に棒切れの振舞いを決める。しかし、いま考

察している表面の諸点が測量棒に関してユークリッド連続体をつくる場合には、またその場合にのみ、u曲線とv曲線について簡単に

$$ds^2 = du^2 + dv^2$$

となるように数を定め記すことができる。そのさい、u曲線とv曲線はユークリッド幾何学の意味における直線となり、たがいに垂直になる。またガウス座標はたんにデカルト座標となる。ガウス座標は考察している面の諸点にそれぞれ二つの数を対応させ、しかも空間的に近傍の諸点には、ほんのわずか違った数値を対応させるようにしたものにはほかならない。

　これらの考察は、いまのところ二次元連続体に対してあてはまる。しかし、ガウスの方法はまた三次、四次、あるいはそれ以上の次元の連続体にも用いられる。たとえば四次元連続体の場合ならば、つぎのように表現できる。連続体の各点に、〈座標〉と呼ばれる任意の四つの数x_1、x_2、x_3、x_4を対応させる。近傍の点には近傍の座標値があてはめられる。さて近傍の2点PとP'に測定によって得られ、物理的によく定義された距離dsが対応するとすれば、式

$$ds^2 = g_{11}dx_1{}^2 + 2g_{12}dx_1dx_2 \cdots + g_{44}dx_4{}^2$$

が成り立つ。この場合g_{11}……g_{44}という量は、連続体の場所とともに変わる値をとる。連続体がユークリッド的ならば、座標x_1……x_4が連続体の諸点に、たんに

$$ds^2 = dx_1^2 + dx_2^2 + dx_3^2 + dx_4^2$$

となるように対応することができる。このさいには、四次元連続体においても、われわれの三次元の測定にあてはまるのと同様な関係が通用する。

ここに述べたds^2に対するガウスの表現は、さらにいつでも可能というわけではない。考察している連続体の十分に小さな領域が、ユークリッド連続体と見なせる場合にのみ限られるのである。たとえば、机の面で場所ごとに変わる温度という場合には、明らかにあてはまる。なぜならば、面の小部分については温度は実質的に一定であり、棒切れの幾何学的振舞いは、**ほとんど**ユークリッド幾何学の規則に従っているようなものだからである。前章の正方形の構図は、考察している机の面の部分をもっと拡張してそれを作図するとき、はじめてその不完全さが明らかになる。

したがって、要約すればつぎのようにいえよう。すなわち、ガウスは量的関係（近傍の二点の〈距離〉）が定義される任意の連続体を数学的に取り扱う方法を見つけた。連続体の各点に、その次元の数と同数の数（ガウス座標）が割りふられる。これは、対応が一義的になるように、および近傍の諸点には無限小だけ異なる数(ガウス座標)

が対応するように、行なわれる。ガウスの座標系はデカルト座標系の論理的一般化である。また、これは非ユークリッド連続体にも適用できるが、しかしもちろんそれは、考察している連続体の小部分が定義された量（〈距離〉）に関して、その連続体のわれわれが注目する部分が小さくなるにつれて、ますますユークリッド的に振るまうようになる場合にのみ限られるのである。

第26章　ユークリッド連続体としての特殊相対性理論の時空連続体

さてわれわれは、第17章でただ漠然と触れただけのミンコフスキーの考えを、ややくわしく定式化する立場にやってきた。特殊相対性理論に従えば、四次元の時空連続体を記述するには〈ガリレイ座標系〉と命名されたある特定の座標系が優先されている。その座標系に対して、ある事象あるいは――別の表現でいえば――四次元連続体の一点を定める四つの座標 x、y、z、t が、第1章で詳しく論じたように簡単な方法で、物理的に定義される。あるガリレイ座標系からもう一つ別の、最初の座標系に対して一様に運動している座標系に移行するには、ローレンツ変換の式があてはまる。その式は、特殊相対性理論の諸結果を導くための基礎をなすものであり、それ自体、すべてのガリレイ基準系に対する光の伝播法則の一般的適合を表現するものにほかならない。

ミンコフスキーは、ローレンツ変換がつぎの簡単な条件を満足することを見つけた。二つの相近接した事象があるとしよう。四次元連続体におけるその相互の位置は、空間的座標の差 dx, dy, dz と時間的な差 dt によって、あるガリレイ基準体 K に関して与えられるものとする。第三のガリレイ系に関して、この二つの事象の同様な差 dx', dy', dz', dt' があるとせよ。そうすれば、その間にはつねにつぎの条件があてはまる。*

$$dx^2+dy^2+dz^2-c^2dt^2=dx'^2+dy'^2+dz'^2-c^2dt'^2$$

この条件からローレンツ変換の正当性が導かれる。それはつぎのように表現できる。すなわち、四次元の時空連続体上の相近接する二点に属する大きさ

$$ds^2=dx^2+dy^2+dz^2-c^2dt^2$$

は、選ばれたすべての（ガリレイ）基準体に対して同じ値をもつ。また x、y、z、$\sqrt{-1}ct$ を x_1、x_2、x_3、x_4 で置き換えれば、

$$ds^2=dx_1^2+dx_2^2+dx_3^2+dx_4^2$$

*　付記1及び2を参照。座標自体についてそこで導かれる関係(11 a)と(12)は、座標の**差分**にもまた座標の微分(無限小差)にもあてはまる。

が基準体の選択に無関係であるという結果が得られる。大きさdsを、二つの事象あるいは二つの四次元の点〈距離〉と呼ぶ。

したがって、時間の変数として実数tのかわりに虚数の変数$\sqrt{-1}ct$を選べば、前章の説明から明らかなように、特殊相対性理論に従って時空連続体をユークリッド四次元連続体と考えることができる。

第27章　一般相対性理論の時空連続体はユークリッド連続体ではない

本書第I部でわれわれは、一つの簡明直截な物理的解釈を与え、かつ第26章によれば、四次元のデカルト座標として示される時間-空間座標を利用することができた。これは光速度が一定という法則の根拠として可能であったが、第21章によれば、一般相対性理論はその法則を支持することができない。むしろこの一般理論によれば、光速度は重力場が存在する場合、つねに座標によって決められねばならないという結論に達した。さらに第23章では、重力場の存在が、特殊相対性理論では目的にかなった座標と時間のあの定義を不可能にすることを、特殊な例について見いだした。

この考察の結果を顧ると、一般相対性理論によれば、時空連続体はユークリッド的のものとして考えられないで、むしろ場所ごとに温度が変わる机の面の二次元連続体について知った一般的な場合がここに現われる、との確信に導かれる。そこでは相等しい棒切れから一つのデカルト座標系を構成することができなかったように、ここでは剛体と時間から一つの系（基準体）を、たがいに相対的に一定の配列をした測量棒と時計とが、直接、場所と時間を示すように作ることは不可能である。このことが、第23章でわれわれが出会った困難の本質である。

だが第25章と第26章の考察は、この困難を克服すべき道を示している。四次元の時空連続体を、任意の方法でガウス座標に準拠させる。われわれは、連続体の各点（事象）に四つの数 x_1、x_2、x_3、x_4（座標）を対応させる。これらの数はなんら直接的な物理的意味をもつものではなく、連続体の点を一定の、だが任意の仕方で数えるために役立つだけである。この対応は、x_1、x_2、x_3を〈空間的〉座標として、x_4を〈時間的〉座標として捉えねばならないようなものである必要さえないのである。

読者は、そのような世界の記述がまったく不適当ではないかと思うかもしれない。ある事象に一定の座標 x_1、x_2、x_3、x_4を割りふり、これらの座標自体は何ものも意味しないとするとき、それにどんな意味があるというのだろうか？　しかし、よりくわしく考察してみれば、この心配には根拠のないことがわかる。たとえば、任意に運動している一つの質点を考察するとせよ！　それがかりに持続のない瞬間的な存在にすぎないとすれば、時間-空間的に唯一の座標系の値 x_1、x_2、x_3、x_4によって記述されることになろう。したがってその永続的な存在は、その座標値がつねに連続している無限に大きな数の値の系によって特徴づけられる。すなわち、質点には四次元連続体における一本（一次元）の線が対応する。多くの運動する点には、この連続体においてちょうどそれだけの数の線が対応する。これらの点に関して物理的実在を要請しうる唯一の言明は、実はこれらの点の交わりに関する言明なのである。そのような交わりを数学的に表現すれば、それらの点の運動を表わす二つの線がある座標系の値 x_1、x_2、x_3、x_4 を共通にもつ、というようにいえる。そのような交わりが、実際に物理的言明で当面する時間-空間的特性の唯一の事実的確証になっているということは、深く考慮してみるならば、疑いもなく読者に認めてもらえるだろう。

われわれは先に、ある基準体に対して相対的な質点の運動を記述したとき、その基準体の一定の点とこの点との交点以外のことは何もあげなかった。また、それが属する時間を表示することも、時計と物体の交わりを、時計の針と文字盤の特定の点との交わりとともに確認することによって解かれる。ちょっと考えればわかるように、それは測量棒によって空間的に測量することにほかならない。

一般につぎのことがいえる。すなわち、すべての物理的記述は多数の言明に分解され、そのそれぞれが二つの事象AとBの時間-空間的一致に帰着させられる。そのようなすべての言明は、ガウス座標における四つの座標 x_1、x_2、x_3、x_4 の一致によって示される。ガウス座標による時空連続体の記述が、事実上、基準体の助けを借りて記述することと完全に置き換わっている。しかも、基準体の記述方法の欠点にわずらわされることもないのである。それは、いま述べている連続体のユークリッド的特性には縛られていないのである。

第28章　一般相対性原理の厳密な定式化

さてわれわれは、第18章で与えられた一般相対性原理の一時的な定式化を、厳密なものと置き換えることができるようになった。そのときの「すべての基準体K、K'……は、その運動状態がどのようなものであろうとも、自然の記述（一般自然法則の定式化）にさいしては同等である」という見解は支持されない。なぜならば、剛体の基準体を、特殊相対性理論に用いられた方法の意味で時間-空間的記述に用いることは、一般には不可能だからである。ガウスの座標系が基準体にとってかわらなければならない。一般相対性原理の根本思想には、つぎの言明が対応する。すなわち、

「すべてのガウス座標系は、原理的には、一般自然法則を定式化することについては同等である。」

この一般相対性原理は、特殊相対性原理の自然な拡張とは違う別の形で表現でき、そのほうがずっと明瞭に認識できるのである。特殊相対性理論によれば、一般自然法則を表現する方程式は、（ガリレイ）基準体Kの空間-時間変数x、y、z、tのかわりに、ローレンツ変換を用いて新しい基準体K'の空間-時間変数x'、y'、z'、t'を導入するときに、同一形式の方程式に変わるだけである。それに反して一般相対性理論によれば、方程式は、ガウスの変数x_1、x_2、x_3、x_4を**任意に置換すること**をやってみても同じ形の方程式に移行するにちがいない。なぜならば、すべての変換（ローレンツ変換ばかりでなく）が、一つのガウス座標系から別のガウス座標系への移行に相当するからである。

われわれになじみの三次元の直観に固執しようとしなければ、一般相対性理論の根本思想がもたらしている展開を、つぎのように特色づけることができる。すなわち、特殊相対性理論は、ガリレイの領域つまり重力場の存在しない領域に関係する。そのさい、基準体としてガリレイ基準体が用いられる。すなわち、その基準体としては次のような剛体、つまり、それと相対的に〈孤立している〉質点の一様直線運動に関してガリレイの定理があてはまるように運動状態を選んだ剛体、が用いられる。

少し熟考すれば、その同じガリレイ領域を非ガリレイ基準体にも関係づけてみたいと思うだろう。このときには、その基準体に対して相対的にある特殊な性質の重力場が存在する（第20、23章）。

しかし重力場には、ユークリッド的性質をもった剛体は存在しない。すなわち、剛体の基準体という作り話は、それゆえに否定される。また、時計の進みは重力場の影響を受けるが、そのさい直接時計の助けをもってする物理的な時間の定義は、特殊相対性理論におけるほどにはまったく明証性をもたないのである。

それゆえ、全体として任意に動かされているばかりでなく、その運動中も任意の形態変化をこうむる非剛性の基準体が用いられる。時間の定義には、任意の、しかし非常に不規則な進行法則をとる時計が役立つ。その時計たちは非剛体の基準体の点にそれぞれ固定されていると考えねばならず、それらが満たすべき唯一の条件は、場所的に近傍にある時計から同時に読みとれる時刻表示がおたがい無限小だけずれる、ということである。この非剛体の基準体は〈基準軟体動物〉といっても間違いではあるまいが、本質的には任意なガウスの四次元座標系と同等である。〈軟体動物〉がガウス座標系にくらべてある種の直観を与えるのは、時間座標と空間座標が分かれて存在することを（本来は正しくないが）形式的に保っているからである。軟体動物のそれぞれの点は空間の点として扱われ、軟体動物が基準体として扱われるかぎり、それに相対的に静止している各質点はたんに静止しているものとして扱われる。一般相対性原理は、すべての軟体動物が一般自然法則の定式化にあたって、同等の権利と同等の成果をもって基準体として活用できることを要請する。すなわち、法則は軟体動物の選び方とは完全に無関係であるべきである。

自然法則にこうして課される広範な制約の中に、一般相対性理論に固有な洞察力が存在しているのである。

第29章　一般相対性原理にもとづく重力の問題の解法

読者がこれまでのすべての考察についてきたならば、重力問題を解く方法を理解するのにもう何もむずかしいことはない。

われわれは、ガリレイの領域、すなわちガリレイ基準体Kに対して相対的に重力場が存在しない領域、を観察することから出発する。Kに関する測量棒と時計の振舞いは、〈孤立している〉質点の振舞いと同様に、特殊相対性理論から知られている。すなわち、その質点は直線的に一様に運動する。

さてこの領域を、任意のガウス座標系に、あるいは基準体K'としての〈軟体動物〉に準拠させる。そのとき、K'に関して重力場G（特別の種類の）が成立する。そこでたんなる換算によって、測量棒と時計の振舞いならびにK'に関する自由運動質点の振舞いがわかる。これらの振舞いを重力場Gの作用のもとにおける測量棒、時計、質点の振舞いと解釈する。ここで一つの仮説、すなわち測量棒、時計ならびに自由運動質点に対する重力場の作用は、その支配的な重力場が**ガリレイ的**特殊例からたんなる数学的変換によっては導かれ**ない**場合にも、また同じ法則に従って生じる、という仮説を導入する。

そこで、ガリレイの特殊例からたんなる座標変換によって導かれる重力場Gの時間-空間的振舞いを研究し、記述に使う基準体（軟体動物）をどう選ぼうとも、つねに適用可能な一つの法則によってこの振舞いを定式化するのである。

この法則は、検討された重力場Gが特殊な性質のものだから、まだ重力場の**一般**法則ではない。一般重力場の法則を見つけるには、このようにして得られた法則をさらに一般化することが必要である。しかしそれは、つぎのような要請を考慮すれば、任意でない形で見いだすことができるのである。すなわち、

(1)　求められている一般化は一般相対性の公準をも満足するものでなければならない。

(2)　考察する領域に物質が存在するならば、その慣性質量のみが、また第15章に従ってそのエネルギーのみが、その場の励起作用を決定するのである。

(3)　重力場と物質とがともにエネルギー（および運動量の）保存則を満足せねばならない。

重力場のない場合、すなわち特殊相対性理論の骨子にとうから組み込まれ既知の法則に従って経過しているようなすべての過程の流れに、重力場がけっきょくのところどう影響を及ぼすかは、一般相対性理論から求めることができる。そのさい原則として、測量棒、時計および自由運動する質点について以前に解析した方法に従って処置する。

こうして一般相対性公準から導いた重力理論は、その美しさによって卓越しているのみでなく、また第21章で吟味したような、古典力学に付きまとう欠点を取り除いたばかりか、さらにまた慣性質量と重力質量の同等性という経験則を解釈できただけでもなく、天文学上の二つの本質的に異なる観測結果を説明したのである。それに対して古典力学は無力であった。これらの結果の第二のもの、すなわち太陽の重力場による光線の彎曲についてはすでに述べた。第一のものはすなわち惑星の水星軌道に関係している。

すなわち、一般相対性理論の方程式は、重力場が弱いと見なすことができ、またすべての質量が光速度にくらべたら小さい速度で座標系に対して動いているような場合に限定されるならば、まずその第一近似としてニュートン理論が得られる。したがって、ここでは特別な仮定もなしにニュートン理論が出てくるといえるのだが、一方、ニュートンは距離の二乗に逆比例してたがいに作用し合う質点の引力を仮説として導入しなければならなかったのである。計算の精度を上げていけば、もちろん小さすぎてそのほとんどは観測にひっかからないに違いないが、それでもニュートン理論からのずれが生ずるだろう。

こういう狂いの一つに、ここでとくに注目する必要がある。ニュートン理論によれば、惑星は太陽のまわりを一つの軌道をとって運動し、その軌道は、考察している惑星に対する他の惑星の作用や恒星の固有運動が無視できる場合には、恒星に対してその位置を永久に変えないで保つことだろう。この二つの影響を考えなければ、惑星の軌道は、ニュートン理論が十分に正しいときには、恒星に対して一定の長円形になるはずである。太陽にもっとも近い惑星の水星を除くすべての惑星について、今日の観測精度で到達しうるかぎりの厳密さをもって、このことがとりわけ精確に証明できることが確認されている。しかし惑星の水星については、ルヴェリエ以来、上記の意味で補正したその軌道の長円形は恒星に対して固定しておらず、かえって非常にゆるやかではあるけれども、その軌道面において公転運動の向きに回転することがわかっている。

この長円軌道の回転運動は一〇〇年について43秒弧で、その大きさは数秒弧の範囲内で正しいとされている。この現象を古典力学によって説明しようとすると、もっぱらそのために考え出された確からしくもない仮説にもとづいてしか成功しない。

一般相対性理論によれば、太陽をまわる各惑星の長円軌道は、上に記したように必然的に回転しなければならないこと、この回転は水星以外のすべての惑星については非常に小さすぎて、今日得られる観測精度では確定することができないこと、しかし水星では観測がちょうど精密に与えたように、一〇〇年について43秒弧にならなければならないこと、が明らかになった。

このほか、これまでにこの理論から引き出された結果で、観測によって証明できるものがもう一つだけある。すなわち、大きな恒星からわれわれに送られた光が、地球上でそれに相当する方法で（すなわち同じ種類の分子を使って）つくった光にくらべて見せるスペクトルの変移である。* 私は、この結果が一般相対性理論にやがてその確証を見いだすことを、信じて疑わない。

*（訳注）アダムスによって1924年に確定された（168〜172ページ参照）。

III　全体としての世界の考察

第30章　ニュートン理論の宇宙論上の困難

古典天体力学には、第21章で述べた困難のほかに、もう一つの第二の原理的な困難がつきまとっている。それは私の知るかぎりでは、天文学者ゼーリガーによってはじめて詳しく論じられたものである。世界をおよそ全体としてどのように考えるべきか、という問題をとくと考えるとき、手近な答えはたぶんつぎのようなものである。すなわち、世界は空間的（および時間的）に無限である。いたるところに星があり、そのため物質密度は個々についてはなるほど非常に異なるが、大数平均では全体にわたって同一である。いいかえれば、宇宙空間をいかに遠くまで旅しようとも、およそ同じ種類で同じ密度の恒星のまばらな群れが見つかるはずである。

この見解はニュートン理論とは結びつかない。ニュートン理論はむしろ、宇宙には一種の中心があって、そこでは星の密度が最大になり、この中心から遠ざかるにつれて星の密度が減少し、遠い外方では無限な空虚にその座をゆずることを要求する。星の世界は、空間という無限な大洋に浮かぶ有限の島を形成するものでなければならなかった。*

この表象はそれ自体あまり満足すべきものではない。星から送られる光も星系の個々の星もたえず無限の涯へと歩み行き、いまだかつて二度と戻ってこず、他の自然界の物体とふたたび交渉をもつこともない、という結果に想い到るとき、この表象はますます不満足なものとなる。有限の中に固め込まれた物質の世界は、次第に、系統的に滅び去っていくにちがいないのである。

こうした結末から脱するために、ゼーリガーはニュートンの理論に修正を加えて、大きな距離の場合二つの質量の引力は $1/r^2$ の法則に従うよりももっと強く減少する、とした。そうすることによって、物質の平均密度がどこでも無限の涯に到るまで一定であるとして、しかも無限大の重力場の生成を避けることができたのである。かくして、物質宇宙が一種の中心点をもつとするあまり同感できない表象から自由になる。これはもちろん、ここに述べた原理的な困難から自由になるために、経験からも理論からも何の根拠もない修正や複雑化を、ニュートンの法則にほどこして購ったものである。同様なことを導く法則としてはいくらでもたくさん考えられるが、それらのう

*　証明。ニュートン理論によれば、多数の〈力線〉が無限遠からやってきて一つの質量 m に到る。そしてその力線の数は質量 m に比例する。質量の密度 ρ_0 が世界平均で一定であるとするならば、体積 V の球には平均質量 $\rho_0 V$ がふくまれる。したがって、球の表面積 F を通って内部に入りこむ力線の数は $\rho_0 V$ に比例する。球面の単位面積を通る力線の数は $\rho_0 \frac{V}{F}$ あるいは $\rho_0 R$ に比例する。それゆえ表面での場の強さは、球の半径 R が大きくなるにつれて無限大になっていく。これはありえないことである。

ちから、これはという一つを選び取るための根拠を与えることはできないであろう。なぜならば、それらのどの法則もより一般的な理論の原理にもとづくものでないことは、ニュートンの法則と変わりないからである。

第31章　有限だが境界のない宇宙の可能性

しかしまた、宇宙の構造に関する臆測はまったく別の方向にも動いていく。非ユークリッド幾何学の発展から、思考法則にも経験にも衝突することなく、われわれが空間の**無限性**を疑うことができるということを認識するようになった（リーマン、ヘルムホルツ）。これらのことは、ヘルムホルツとポアンカレによってすでに比類のない透徹さでくわしく解明されているが、私はここではそれにちょっとしか触れない。

まず二次元の出来事を考える。平たい生物たちが平らな道具、特別に平らな剛体の測量棒をもって一つの**平面**を自由に動きまわっている、としよう。この平面の外にはこの生物たちにとって何も存在せず、彼らが自分自身と平たいものどもについて観察するものは、彼らの平面にある出来事、因果の鎖につながれた出来事であるとしよう。

とくにユークリッド平面幾何学の作図は、棒切れを使って、第24章で考察した机の面での網目構成の例のように実行される。これらの生きものの世界は、われわれのそれとくらべれば空間的に二次元ではあるが、われわれの世界のように無限に広がっている。無限に多くの等しい棒切れの正方形が並べられる、すなわちその容積（面積）は無限である。これらの生物が、宇宙は〈平ら〉であるといえば、一つの意味をもつのである。すなわちユークリッド平面幾何学の作図が棒切れで実行されうること、そのさい個々の棒切れはその位置に関係なくつねに同じ長さの線分を表わしているという意味、をである。

さてもう一度二次元の出来事を、だがこんどは平面の上にでなく球面上に考えることにする。平たい生物たちは測量棒とその他の物どもとともにちょうどこの表面に横たわり、これから去ることができない。すなわちその全認識世界の広がりは、もはや球の表面上にだけ限られている。このような生きものが、その世界の幾何学を二次元のユークリッド幾何学とし、そのさい棒切れを〈線分〉の体現であると考察することができるだろうか？　それはできない。なぜならば一つの直線を実現しようとしても一本の曲線を得るだろうからである。それは、われわれ〈三次元者〉が大円と名づけ、棒切れをもって測りきれる、一定の有限な長さをもつ閉曲線の一つなのである。同様にこの世界は、棒切れの正方形の面積と比較できる有限な面積をもっている。こういう考えにふけって得られる最大の魅力は、**この生物の世界は有限だが境界をもたない、**という認識にある。

しかしこの球面生物は、自分がユークリッド的世界に住んでいないことを知るために、世界旅行をする必要はない。その世界の、まったくは小さすぎることのない各部分の上で、それをみずから確かめることができる。一点からあらゆる方向に向かって同じ長さの〈まっすぐな線分〉(三次元的に判断すれば円弧)を引く。この線分の先端を結んだものを〈円〉と名づけるだろう。棒切れで測った円周と同じ棒切れで測った円の直径との比は、ユークリッド平面幾何学によれば、円の直径とは独立な定数πに等しい。わが生物たちはその球面上におけるこの比として

$$\pi\frac{\sin\left(\frac{r}{R}\right)}{\left(\frac{r}{R}\right)}$$

という値を見いだすであろう。すなわち、その値はπより小さく、円の半径rが〈球の曲率〉半径Rに比して大きければ大きいほど、著しく小さくなる。この関係から、球面生物は自分たちの世界の半径Rを、その球世界の比較的小部分のみを測量してみるだけで定めることができる。しかしこの測量部分があまり小さすぎると、自分たちがいるのは球面上なのであってユークリッド平面の上にいるのではない、ということ

をもはや確かめることができない。すなわち、球面の小部分が同じ大きさの平面部分とほとんど差がないからである。

したがって、もしも球面生物がある惑星上に住んでいて、その太陽系が球面世界のごくわずかな部分しか占めていないならば、彼らが有限の世界に住んでいるのか無限の世界に住んでいるのかを決定する可能性はない。というのは、彼らの経験の達しうる世界部分は、どちらの場合も事実上平らで、つまりユークリッド的だからである。直観でただちにわかることだが、わが球面生物にとっては、円周ははじめ半径とともにふえていき、ついに〈世界円周〉となるが、それからさらに半径が大きくなるにつれて、円周は次第に縮んでついに0になる。そのさい円の面積はつねに増大して、ついには全球面世界の総面積と等しくなる。

たぶん読者は、わが生物をなぜか球面上に置いて別の閉じた表面上には置かなかったことを、疑問に思うだろう。しかしこれは、球面がほかのすべての閉曲面にくらべて、その面上のすべての点が平等であるという特性によって抜きん出ていることから、正当づけられる。一つの円の円周uと半径rとの比はたしかにrによって決まるが、rが与えられれば球面世界のすべての点でこの比は同じになる。すなわち球面世界は〈一定の曲率をもつ面〉なのである。

この二次元の球面世界に対して三次元の類比物、つまりリーマンによって発見されている三次元の球状空間が存在する。その諸点もまたすべて同等である。それはその〈半径〉Rによって決まる有限の体積（$2\pi^2R^3$）を占める。こういう球状空間というものを人は表象できるだろうか？　ある空間を表象するというのは〈空間的〉経験、すなわち〈剛体〉の物体の動きによって得る経験の全体を表象することにほかならない。この意味において、球状空間というものが表象できるのである。

さて、一点からすべての方向に直線を引き(紐を張って)、その各線上に測量棒でもって線分rの印をつける。これら線分のすべての自由な一端は、一つの球面上にある。この表面積（F）を、とくにあますことなく測量棒の正方形でもって測量してしまうことができる。その世界がユークリッド的ならば、$F=4\pi r^2$になるが、それが球状世界ならば、Fはつねに$4\pi r^2$よりも小さくなる。Fは球半径rとともに0から出発して〈世界半径〉によって決まる最大値まで増大するが、さらに球半径rが大きくなると、Fの増大は次第に減少してふたたび0となる。始点から出発した放射直線はまずおたがいにますます遠ざかっていくが、のちには近づきだして、ついには始点の〈反対点〉でふたたび合流する。そのとき、それらの直線は全球状空間を端から端まで通過したことになる。三次元の球状空間は二次元のそれ（球面）とまったく同様であることは、容易にわかることである。それは有限（すなわち有限の体積をもつ）だが、境界をもたない。

球状空間のさらにもう一つの変種として、〈長円状空間〉があることに注目してほしい。それは〈反対点〉が一致する（区別できない）球状空間と考えられる。したがって、長円状世界はいわば中心対称性の球状世界と見なすことができる。

以上述べたことから、境界のない閉空間が考えられることがわかる。それらの中でも球状空間（および長円状空間）は、そのすべての点が同等であるという簡明さによって優れている。上述のことから、天文学者と物理学者にとって、われわれが住んでいる世界が無限であるのかあるいは球面世界のように有限であるのか、というきわめて興味ある問題が提起された。われわれの経験は、この質問に答えるには、まだけっして十分とはいえない。しかし一般相対性理論は、これにかなりの確実さをもって答えるのを許している。そのさいに第30章で示した困難も解けるのである。

第32章　一般相対性理論にもとづく空間の構造

一般相対性理論によれば、空間の幾何学的特性は独立したものではなく、物質によって制約されている。それゆえ、物質の状態をわかっているものとして考察の基礎に置いてはじめて、世界の幾何学的構造についていくらかの結論が出せるのである。われわれは経験から、適当に選ばれた座標系では恒星の速度は光の伝播速度にくらべて小さい、ということを知っている。それゆえに、全体としての宇宙の性質は、物質を静止しているものとして扱うことによって、ごく粗い近似で知ることができる。

われわれはすでに前の考察から、測量棒と時計の振舞いが重力場によって、すなわち物質の配置によって影響されることを知っている。このことから、われわれの世界ではユークリッド幾何学の厳密な有効性を云々することができないことは、すでの明らかである。しかし、われわれの世界がユークリッドの世界とわずかな違いしかないということは、それ自体、考えられることである。計算によれば、わが太陽の大きさほどもある質量でさえも、その周囲の空間の計量《メトリーク》にほんのわずかな影響しか与えないのだから、その考えは当たらずといえども遠からずである。われわれの世界は、幾何学の点からは、個々の部分が不規則に曲がった面のように振舞う、と表象できよう。しかし、それがどこでも平面と大きくずれていないことは、さしずめさざ波が立つ湖水の表面に似ている。このような世界は、準ユークリッド世界と呼ばれるのにふさわしい。それは、空間的には無限である。しかし計算によれば、準ユークリッド世界では物質の平均密度が0でなければならない。そのような世界には、したがって、どこを見ても物質が群れてはいない。すなわち第30章で描いたような不満足な像を示すといえよう。

しかし物質の平均密度がたとえごくわずかでも0からずれていれば、その世界は、もはや準ユークリッド世界ではない。さらに計算によれば、物質が同じように分布しているならば、それは必然的に球状（あるいは長円状）でなければならない。実際には物質は個々に不平等に分布しているから、現実の世界は個々に球状的な振舞いからずれており、準球状世界となろう。しかし、それは必然的に有限でなければならないだろう。

一般相対性理論は、世界の空間的広がりとその中における物質の平均密度の簡単な一つの関係*さえも与えてくれるのである。

* 世界の〈半径〉R に対して、すなわちつぎの方程式が導かれる。

$$R^2=\frac{2}{\kappa\rho}$$

C-G-S単位を用いると、ここでは$\frac{2}{\kappa}=1.08\cdot10^{27}$、$\rho$ は物質の平均密度である。

付記

1 ローレンツ変換の簡単な導き方（第11章の補足）

第2図に示した座標系の相対的な軸の位置ぎめでは、両系のX軸がつねに重なっている。ここで問題を分けて、さしあたってX軸上にかぎって起こる事象だけを考察することにする。そのような事象は、座標系Kについては横座標xと時間tによって、K'については横座標x'と時間t'によって与えられる。xとtが与えられればx'とt'が求められる。

X軸の正方向に沿って進む光信号は方程式

$$x = ct$$

あるいは

$$x - ct = 0 \quad \cdots\cdots (1)$$

によって伝わる。この同じ光信号はまたK'に対しても相対的に速度cで伝播するのであるから、K'に対して相対的な光伝播は同様な式

$$x' - ct' = 0 \quad \cdots\cdots (2)$$

と書くことができよう。（1）を満足させる同じ時間-空間点（事象）は、（2）をも満足させなければならない。これは明らかに、一般につぎの関係式

$$(x' - ct') = \lambda(x - ct) \quad \cdots\cdots (3)$$

が満たされる場合である。ここでλは一つの定数である。なぜならば、(3)によれば、$x - ct$の項を消すことが$x' - ct'$の項を消す条件となるからである。

負のX軸方向に伝播する光線にも、まったく同様の考察があてはまり、つぎの条件

$$x' + ct' = \mu(x + ct) \quad \cdots\cdots (4)$$

を与える。

方程式（3）と（4）を加え、または引き、そのさい実数λとμのかわりに便宜上、

定数

$$a=\frac{\lambda+\mu}{2}$$

$$b=\frac{\lambda-\mu}{2}$$

を導入すれば、

$$\left.\begin{aligned} x'&=ax-bct\\ ct'&=act-bx\end{aligned}\right\}\cdots\cdots(5)$$

が得られる。

したがって定数aとbがわかれば、われわれの問題は解けることになる。これは、つぎのような考察によって与えられる。

K'の原点についてはつねに$x'=0$だから、方程式（5）の最初の式から

$$x=\frac{bc}{a}t$$

いまK'の原点をKに対して相対的に動かす速度をvと呼べば、すなわち

$$v=\frac{bc}{a} \quad \cdots\cdots\cdots\cdots (6)$$

となる。

Kに対して相対的なK'のもう一つ別の点の速度、またはK'に対するKの一点の（X軸の負の方向の）速度を計算すると、（5）から相等しいvの値が得られる。したがって、vを簡単に両系の相対速度と呼ぶことができる。

さらに、K'に対して静止しているKから判断される単位測量棒の長さは、Kに対して静止しているK'から判断される単位測量棒の長さとまったく同一でなければならないことは、相対性原理から明らかである。X'軸の点がKから考察してどのように見えるかを知るためには、KからK'の〈瞬間写真〉を撮ってやりさえすればよい。すなわち、このことはt（Kの時刻）にある値、たとえば$t=0$を代入する必要があることを意味する。そうすると式（5）の最初の式より

$$x'=ax$$

が得られる。

K'で測って距離$x'=1$をもつX'軸上の二点は、したがってわれわれの瞬間写真上では、距離

$$\Delta x=\frac{1}{a} \quad \cdots\cdots(7)$$

となる。逆にK'から瞬間写真を撮るならば（$t'=0$）、（6）を考慮にいれ（5）からtを消去すると、つぎの式が得られる。

$$x'=a\left(1-\frac{v^2}{c^2}\right)x$$

これから距離1（Kに対して相対的な）のX軸上の2点は、われわれの瞬間写真上では、距離

$$\Delta x'=a\left(1-\frac{v^2}{c^2}\right) \quad \cdots\cdots(7a)$$

をもつと結論される。

以上に述べたことから、二つの瞬間写真は同じでなければならないから、（7）のΔxは（7a）の$\Delta x'$と等しいはずであり、したがって次式が得られる。

$$a^2=\frac{1}{1-\frac{v^2}{c^2}} \quad \cdots\cdots(7b)$$

方程式（6）と（7b）から定数aとbが決まる。（5）にこれらを代入すれば、第

11章で与えられた第1および第4の方程式が得られる。

$$\left.\begin{aligned} x' &= \frac{x-vt}{\sqrt{1-\frac{v^2}{c^2}}} \\ t' &= \frac{t-\frac{v}{c^2}x}{\sqrt{1-\frac{v^2}{c^2}}} \end{aligned}\right\} \quad \cdots\cdots (8)$$

こうして、X軸上の事象に関するローレンツ変換が得られた。それは条件

$$x'^2 - c^2t'^2 = x^2 - c^2t^2 \quad \cdots\cdots (8a)$$

を満足する。

X軸上でなく、その外側で起こる事象にこの結果を拡張するには、方程式（8）をそのまま使って、さらに

$$\left.\begin{aligned} y' &= y \\ z' &= z \end{aligned}\right\} \quad \cdots\cdots (9)$$

という関係を付け加える。任意のどの方向の光線についても真空中の光速度一定という公準が、座標系KについてもK'についても満足することは、つぎのようにしてわか

る。

時刻$t=0$に光信号がKの原点から送られる。その伝播は方程式

$$r=\sqrt{x^2+y^2+z^2}=ct$$

に従って起こる。あるいは、この式を二乗して得られるつぎの方程式による。

$$x^2+y^2+z^2-c^2t^2=0 \qquad \cdots\cdots(10)$$

光の伝播法則は相対性の公準と結びついて、その信号のひろがり——K'から判断して——が相対応する式

$$r'=ct'$$

あるいは

$$x'^2+y'^2+z'^2-c^2t'^2=0 \qquad \cdots\cdots(10a)$$

によって起こることを要求する。方程式（10 a）が方程式（10）の結果であるためには、

でなければならない。

$$x'^2+y'^2+z'^2-c^2t'^2=\sigma(x^2+y^2+z^2-c^2t^2) \cdots\cdots\cdots\cdots\cdots (11)$$

X軸上の点については方程式（8 a）があてはまるから、$\sigma=1$でなければならない。ローレンツ変換が方程式（11）を$\sigma=1$ということで実際に満足させることは、容易にわかる。すなわち（11）は（8 a）と（9）からの一つの結果であり、したがってまた（8）と（9）からの一つの結果である。こうしてローレンツ変換が導かれる。

（8）と（9）によって表わされるローレンツ変換は、さらに一般化を要求する。K'の軸をKのそれと空間的に平行になるように選ぶということは、明らかに本質的なことではない。また、Kに対するK'の変位速度がX軸上の方向をとることも、本質的ではない。この一般的な意味でのローレンツ変換は——ちょっと考えればわかるように——二重の変換によって合成される。すなわち特殊な意味でのローレンツ変換と、直交座標系を他の角度をもった新しい座標系によって表わす純粋に空間的な変換、という二つである。

一般化されたローレンツ変換は、数学的にはつぎのように表現される。

それはx'、y'、z'、t'をx、y、z、tの線型同次関数として、つぎの関係

$$x'^2+y'^2+z'^2-c^2t'^2=x^2+y^2+z^2-c^2t^2 \cdots\cdots\cdots\cdots\cdots (11a)$$

が恒等的に満たされるように表わす。これは、式の左辺に x'……のかわりに x、y、z、t による表示を代入すれば、（11 a）の左辺がその右辺と一致する、という意味である。

2　ミンコフスキーの四次元世界

時間の変数としてtのかわりに虚数$\sqrt{-1}\,ct$を使えば、一般化されたローレンツ変換がもっと簡単な形で表現される。それはつぎのように

$$x_1 = x$$
$$x_2 = y$$
$$x_3 = z$$
$$x_4 = \sqrt{-1}\,ct$$

と置き、ダッシをつけた系K'にも同様にすれば、変換によって恒等的に満たされる条

件はつぎのようになる。

$$x_1'^2+x_2'^2+x_3'^2+x_4'^2=x_1^2+x_2^2+x_3^2+x_4^2 \quad \cdots\cdots\cdots\cdots (12)$$

すなわち〈座標〉を上に示したように選べば、(11a)はこの方程式に変わる。(12)から、虚数の時間座標x_4は空間座標x_1、x_2、x_3とまったく同じように変換条件の式にはいってくることがわかる。相対性理論によれば、〈時間〉x_4が空間座標x_1、x_2、x_3と同じ形で自然法則にはいっているのは、このことにもとづくのである。

座標x_1、x_2、x_3、x_4で記述される四次元連続体をミンコフスキーは〈世界〉と呼び、点事象を〈世界点〉と名づけた。物理学は、三次元空間における一つの出来事から、いわば四次元〈世界〉における一つの存在になるのである。この四次元〈世界〉は、(ユークリッド的)解析幾何学の三次元〈空間〉と真底からよく似ている。すなわち、後者に同じ原点をもつ新しいデカルト座標系(x'_1、x'_2、x'_3)を入れると、x'_1、x'_2、x'_3は方程式

$$x_1'^2+x_2'^2+x_3'^2=x_1^2+x_2^2+x_3^2$$

を恒等的に満足するx_1、x_2、x_3の線型同次関数となる。(12)との類推は完璧なものである。ミンコフスキー的世界は、形式的に一つの四次元ユークリッド空間(虚数の時

間座標をもった）と見なすことができる。すなわちローレンツ変換は、四次元〈世界〉における座標系の一つの〈回転〉に相当する。

3 経験による一般相対性理論の確認について

図式《シェーマ》的な認識論の考察法では、経験科学の発展過程はたえまない帰納過程と考えられる。非常に多数の個々の経験が経験法則として総括されるとき理論が現われ、その経験法則から比較によって一般法則が得られる。科学の発展は、この点からすれば、たんなる経験の仕事としての目録編纂の仕事に似ている。

しかしこのような考えが、現実の過程をすべて汲みつくしているとはいえない。すなわちそれは、厳密科学の発展において直観と演繹的思考が果たしている重大な役割を見逃している。すなわち科学がもっとも原始的な段階から抜け出せるや否や、理論的な進歩はもはやたんに整理する作業によってはなしとげられない。研究者はむしろ経験事実によって刺激されて、最小の数の根本仮定、いわゆる公理の上に論理的に打ち立てられた思考システムを発展させた。そのような思考システムを、われわれは理論と呼ぶ。理論はより多数の個々の経験を結び合わせることによって、その存在の正当性を獲得する。すなわち、ここに理論の〈真実性〉がある。

さて、同一群の経験的事実に対してはさまざまな理論が存在することができ、それらはたがいに著しく異なっている。経験に供しうる諸結果に理論があまりにも広い範囲にわたって一致しすぎることがありうるため、経験に供しうる結果で、それに関して理論がたがいに区別されるようなものを見つけることは困難になる。その一般的興味のある例としては、たとえば生物学の領域で生存競争における自然淘汰にもとづくダーウィンの進化論、および獲得形質の遺伝という仮説に基礎を置く進化論の場合がある。

同様に結果が広範にわたってよく一致している例としては、片やニュートン力学、片や一般相対性理論の場合がある。これはたいへんよく一致するので、これまで一般相対性理論の結論で経験に検してみることができず、しかもそれ以前の物理学では導くことのできないようなものは、ほんのわずかしかないのである。――にもかかわらず、両理論の根本前提には深い相違があるのである。この重要な結果をここでもう一度考察し、これまでにその点について集められた経験的事実を簡単に論じたいと思う。

(a)　水星の近日点移動

ニュートン力学とニュートンの重力法則によれば、太陽のまわりを回る各惑星は太陽のまわりに（あるいはもっと精密にいえば、太陽と惑星の共通の重心のまわりに）一つの長円を描く。太陽（あるいはその共通の重心）はこのさいその長円軌道の一つの焦点にあり、太陽-惑星間の距離は1惑星年がたつうちに極小から極大へとふえ、またふたたび極小に戻る。ニュートンの引力法則のかわりに、何か他の法則を考えにいれるならば、この法則による運動はまた、太陽-惑星間の距離があてどなく伸縮するようにに起こらなければならない。しかしそのような〔近日点（太陽に最接近する点）から近日点への〕一つの周期の間に太陽-惑星間の線が描く角度は360度とは違うであろう。そのさい軌道曲線は閉曲線にならず、その周期の間、軌道面のリング状の部分(太陽-惑星間距離の最小の円と最大の円との間の部分）に納まるであろう。

ニュートン理論とは若干違う一般相対性理論によれば、ケプラー-ニュートンの軌道運動とも同じようにわずかな違いが生じる。すなわち、太陽-惑星間を結ぶ動径がある近日点とつぎの近日点との間に描く角は、全回転角（すなわち物理学で用いられる絶対角度法で2 π）とくらべて、

$$\frac{24\pi^3 a^2}{T^2 c^2(1-e^2)}$$

だけの差がある（ここではaは長円の長径の半分、eはその離心率、cは光速、Tは回転周期）。これはまた、つぎのようにも表わせる。すなわち一般相対性理論によれば、長円の長径は太陽のまわりを軌道運動と同じ向きに回転する。この回転は、理論によれば、太陽系惑星のうち水星の場合一〇〇年間に43秒弧にならなければならない。他の惑星の場合はたいへん小さすぎて、観測にかからないのであろう。

実際に水星について観測される運動を今日の観測で得られるかぎりの精密さをもって計算するためには、ニュートン理論では十分でないということを天文学者たちが見つけている。他の諸惑星が水星に及ぼす擾乱的影響をすべて考慮にいれても、水星軌道について説明不能な近日点移動が残り、それは一〇〇年についてちょうど先にあげた43秒弧とそれほど違わない、ということがわかった（ルヴェリエ、一八五九年・ニューカム、一八九五年）。一般相対性理論の与えるところとこの経験的成果とは、ほんの数秒の誤差をもって一致するのである。

(b) 重力場による光の彎曲

第22章に述べられているように、一般相対性原理によれば、光線は重力場によってある彎曲をこうむり、それは重力場に投げ出された物体の軌道がこうむる彎曲と似ている。ある天体の近傍を通過する光線は、この理論によれば、その天体のほうへ曲げられる。すなわちこの彎曲角αは、太陽の中心から太陽半径の$\varDelta$倍の距離を通過する光線の場合は

$$\alpha = \frac{1.7\text{秒弧}}{\varDelta}$$

となる。この理論によれば、この彎曲の半分は太陽の（ニュートン的）引力場により、半分は太陽によって起こされる空間の幾何学的変位（〈彎曲〉）によって生じる。

この結論は、皆既食のさいの星を写真に撮ることによって実験的に検証することができる。皆既食を待つ理由は、ただそれ以外のときでは太陽光に大気が強く照らされて、太陽近傍の星が見えないからである。

ここで期待されている現象は第5図から容易に見てとれるであろう。もしも太陽がないならば、R_1の方向に事実上無限の遠くにある星が見えるであろう。しかし太陽に

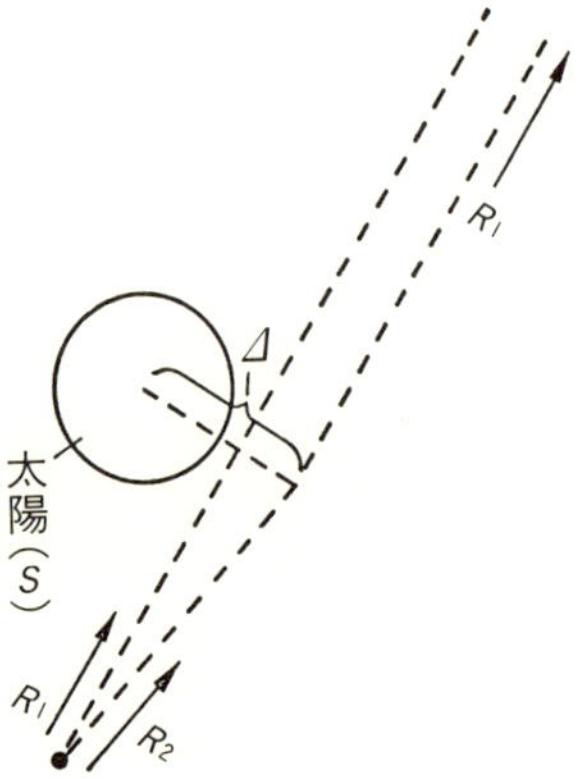

第5図

よる彎曲のために、星はR_2の方向にあって、すなわち現実にあるよりも太陽中心からのへだたりをいくぶん大きく見せる。

実際にはこの検証はつぎのように行なわれた。太陽の近傍の星たちを、ある日食のさいに撮影する。さらに、太陽が天空の別の位置にあるとき（すなわち数カ月遅くか早く）、同じ星たちについて第二の写真撮影が行なわれる。日食のさい撮られた星の像は、したがって、この第二の写真と比較すると、（太陽中心から）外に向かって放射状に角αに相応するだけのずれがなければならない。

王立天文学会がこの重大な結論を検証されたことに感謝する。戦争のため、また、その結果生じた心理的な類の困難のために誤ることもなく、この学会は何人かのもっ

星の番号	第1座標		第2座標	
	観測値	理論値	観測値	理論値
11	−0.19	−0.22	+0.16	+0.02
5	−0.29	−0.31	−0.46	−0.43
4	−0.11	−0.10	+0.83	+0.74
3	−0.20	−0.12	+1.00	+0.87
6	−0.10	−0.04	+0.57	+0.40
10	−0.08	+0.09	+0.35	+0.32
2	+0.95	+0.85	−0.27	−0.09

とも著名な天文学者たち（エディントン、クロムリン、デヴィドソン）を送って、一九一九年五月二十九日の皆既食にあたってソブラル（ブラジル）とプリンシペ島（西アフリカ）で撮影するため、二組の探検隊を用意した。日食時の写真の像が対照用の写真に対して期待される相対的な彎曲は、ほんの一〇〇分の数ミリしかなかった。すなわち、その撮影と測定の精度にかかわる要請は少なからず大きいものであった。

その測定結果は、一般相対性理論をまったく十分に確証した。星の彎曲の観測値と理論値の視線に対する直角成分（秒弧で）は、上表のようになっている。

（c）スペクトル線の赤方変移

第23章で示したように、あるガリレイ系Kに対して回転している系K'においては、静止した同じ造りの時計にあるガンギ車の速度は場所によって異なる。われわれは、この関係を量的に調べてみたい。円盤の中心から距離rのところにある時計は、Kに対してつぎの相対速度をもつ。

$$v = \omega r$$

ここでωは円盤（K'）のKに対する回転速度を示す。Kに対して相対的に時計が単位時間あたりに打つ数（ガンギ車の速度）をν_0と書けば、時計が運動していない場合にはKに対して相対速度vで運動し、かつ円盤に対して相対的に静止している時計のガンギ速度νは、第12章によって、

$$\nu = \nu_0 \sqrt{1 - \frac{v^2}{c^2}}$$

あるいは十分な精度の近似でいえば、

$$\nu = \nu_0 \left(1 - \frac{1}{2} \frac{v^2}{c^2}\right)$$

または同様に

$$\nu = \nu_0\left(1-\frac{\omega^2 r^2}{2c^2}\right)$$

となる。

時計のある位置と円盤の中心点とにおける遠心力のポテンシャル差、すなわち、運動中の円盤上にある時計をそれがある場所から中心点まで運ぶために、遠心力に抗して単位質量に与えなければならない負の形をとる仕事を、プラスΦで表わせば、

$$\Phi = -\frac{\omega^2 r^2}{2}$$

となり、これから

$$\nu = \nu_0\left(1+\frac{\Phi}{c^2}\right)$$

が得られる。

つぎにここから、二つの同じ構造の時計が円盤の中心点から異なる距離に置かれているとき、その進む速度も異なることがわかる。この結果はまた、円盤とともに回転している観測者から見ても、あてはまることである。

さて——円盤から判断して——ポテンシャルがΦである重力場がいま存在するのだから、ここで得られた結果は一般に重力場にあてはまるであろう。さらにわれわれは、スペクトル線を発する原子を一つの時計と見なしてもさしつかえないから、つぎの定理が得られる。すなわち——

原子が吸収しまたは放射する光の振動数は、それが置かれる重力場のポテンシャルによって決まる。

天体の表層部にある原子の振動数は、自由な宇宙空間（あるいは比較的小さな天体表層）にある同一元素の原子の振動数よりもいくらか小さい。Kをニュートンの重力定数、Mを質量、rを天体の半径とすると、$\Phi=-KM/r$であるから、星の表面から出るスペクトル線は地上で生じるスペクトル線にくらべて、

$$\frac{\nu-\nu_0}{\nu_0}=-\frac{K}{c^2}\frac{M}{r}$$

だけ赤方へ変移していなければならない。

太陽では、予想される赤方変移は波長の一〇〇万分の二ぐらいになる。恒星では質量Mも半径rも一般に知られていないから、信頼すべき計算ができない。

こういう効果が実際に存在するかどうかは未解決の問題であり、現在、天文学者によってたいへん熱心にその解答が探求されている。太陽の場合は効果が小さいために、その存在を判定するのは困難である。グレーベとバッヒェム（ボン）は、彼ら自身の測定とエバーシェッドとシュワルツシルトのいわゆるシアン（CN）帯についての測定とにもとづき、また同様にペローも自身の観測をもとにその影響の存在を確実視しているが、一方、他の研究者たち、とりわけW・H・ジュリウスとS・ジョンはその測定によって正反対の見解に立ち、まだこれまでの経験的材料の証拠力では説得できないとしている。

恒星の統計的な研究によると、長波長のスペクトル部へ平均的に線がずれていることは確かである。しかし、これまでの材料の吟味だけでは、あの変移の原因が実際に重力作用にさかのぼるのかどうかについて、何も確かな決定を下すわけにはいかない。観測材料を整理し、ならびに今われわれの興味の対象である問題の視点から詳細に論じたものが、E・フロインドリッヒの論文「一般相対性理論の検証」(Die Naturwissenschaften, 1919, No. 35, p. 520 : Julius Springer, Berlin) で見られる。

いずれにせよ、数年を出ずして確実な決定を見られよう。スペクトル線の赤方変移が重力ポテンシャルによって存在するのでないときには、一般相対性理論は支持しえなくなる。それに対して、スペクトル線の変移の原因が重力ポテンシャルによることが確定すればその研究は天体の質量に関して重要な解明をもたらすことだろう。

4　一般相対性理論と関連した空間の構造

この小さな書物の第一版が世に出て以来、空間全体の構造についての認識（〈宇宙論的問題〉）は重大な進展を見たので、その主題にポピュラーな形で説明を与える必要がある。

この主題について私が本来抱いていた考えは、二つの仮説に基礎を置いていた。

(1)　全空間はいたるところ同一であって、そこには平均密度が0とは異なる物質が存在する。

(2)　空間の大きさ（または〈半径〉）は時間に無関係である。

この二つの仮説が、一般相対性理論によればたがいに整合的であることが証明されるのは、つぎの場合だけである。すなわち場の方程式に、理論自体も要求しないし理論的な見地からも当然と思われない仮説的な項（〈場の方程式の宇宙項〉）を付け加える場合のみである。仮説(2)は私には避けがたいように思われた。というのは、そこから離れるときには果てしない憶測に陥るように思えたからである。

しかしすでに一九二〇年代に、純粋に理論的な見地からある別な仮定のほうが自然である、ということをロシアの数学者フリードマンが見つけた。すなわち彼は、仮説(2)を捨て去る決心をすれば、それ自体あまり自然でない宇宙項を重力場の方程式に導入せずに、仮説(1)を保持できることを知ったのである。すなわち本来の場の方程式は、〈宇宙半径〉が時間に従属して決まる（膨張しつつある空間）という解を許すのである。

数年後には、ハッブルの外銀河星雲（〈天の川〉）のスペクトル研究によって、それから送られてくるスペクトル線が星雲の距離とともに規則的に増大する赤方変移を示すことがわかった。このことは、われわれの現在の知識によれば、ドップラー原理の意味で天体系全体にわたり膨張運動が生じているとしてのみ解釈できる。すなわちそれは、フリードマンによる重力場の方程式についての探究で要請されたように――である。ハッブルの発見は、したがって理論の一つの確認として、そのかぎりで理解することができる。

しかし、ここに一つの注目すべき難点が生じる。ハッブルによって発見された銀河スペクトル変移についての（理論的にはほとんど疑う余地のない）解釈で膨張開始に遡ると、ほんの約10^9年前のことになる。一方、天体物理学では、明らかに個々の星や天体系の進化には途方もなくより長い時間を必要としている。いかにこの不一致を克服すべきか、現在までのところ、まだ確実な方法は何もない。

また膨張空間の理論は、天文学の経験データと関連づけても、空間（三次元）が有限であるか無限であるかについて何も決定することは許さないが、一方、本来の静的な空間仮説では空間が閉じていること（有限性）を与えていた、ということも指摘しておこう。

5 相対性と空間の問題

ニュートン物理学では、物質と同様に空間と時間に対しても独立な真の実在をになわせるのが特徴である。というのは、ニュートンの運動法則には加速度の概念が登場するからである。しかし加速度は、この理論では、〈空間に対する加速度〉を意味しているにすぎない。したがって、運動法則に現われる加速度がある有意味な量として考察できるように、ニュートン的空間は〈静止〉あるいは少なくとも〈非加速〉の状態にあると考えられなければならない。同様に加速度の概念にはいってくる時間についても、似たようなことがあてはまる。ニュートン自身、および彼と同時代の批判者たちは、空間そのものやその運動状態に物理的実在をになわせなければならないことに、煩わしさを感じていた。とはいえ、力学にある明瞭な意味を与えようとしたら、当時は他にかわるべき途もなかったのである。

空間一般に、とりわけ空虚な空間に物理的実在をになわせるということは、たしかに厳しい要請にはちがいない。哲学者たちははるかな昔から、再三この要請に逆らってきた。デカルトはおよそつぎのように論じた。すなわち、空間は延長と同一である。しかし延長は物体と結びついている。したがって物体のない空間すなわち空虚な空間は存在しない。この論法の弱点は、まず以下の点にある。たしかに延長という概念は、その成立を、われわれが固体の置かれたさま（それとの接触）から得た経験に負っている。しかしそのことから、概念形成にきっかけを与えなかった場合についても、延長の概念が正当化されるべきだと推論することはできない。そのような概念の拡張は、経験的状態を把握するさいに見せるそれらの概念の価値によって、間接的に正当化することができるだけである。延長は物体と結びつくべしという主張は、実のところそれ自体は根拠がないのである。しかしのちに見るように、一般相対性理論はデカルトの見解を、回り道したあげく確認することになる。デカルトにこの注目すべき魅力的な見解をもたらしたのは、まったく空間というような〈直接経験可能〉*でないものに、さしたる必然性もないのに実在性を与える必要はない、という感情であった。

空間概念ないしはその必然性についての心理学的起源は、われわれの思考習慣をもとにしてそう思えるほどには、まったく明白ではないのである。古代の幾何学者たち

*　この表現(direkt erfahrbaren)はラテン語の cum grano salis からとっている。

は思考的な対象（直線、点、面）を扱っているが、もともと空間については、のちに解析幾何学でやられたようなものとしては扱っていない。しかし空間概念は、ある原始的な経験によって、身近なものとされるのである。箱が一つ組み立てられたとしよう。その中にいっぱいになるように、物体を一定の配列で納めることができる。そのような配列の可能性が、物的な対象である箱の性質、箱にそなわっているあるもの、箱によって〈封じられた空間〉なのである。このことは、どれだけの種類の箱が異なって存在するかというようなことであり、そのさい一般に箱の中に物体があるかないかとは無関係に、まったく自然に考えられるようなことなのである。箱の中に何も対象物がない場合には、その空間は〈空虚〉なように見える。

これまで、われわれの空間概念は箱に結びつけられてきた。しかし箱-空間を構成する詰めこみの可能性が、どれだけ箱の壁が厚いかとは無関係であることは明らかである。この厚さを0にまで減らしていっても、〈空間〉を見失ってしまうことがないようにできるのではなかろうか？　そのような極限過程が不自然でないことは明白であり、こうしていまやわれわれの思考では、空間が箱なしで、独立のものとして残っている。だが、それはこの概念の由来を忘れると、たいへん非現実的なもののように見える。デカルトは、空間を物的対象とは無関係に物質なしで存在しうるようなものと見なすことに抵抗してきた、と理解されている。*（このことはもちろん、彼の解析幾何

*　空間の対象性を否定することによって不安を除こうとするカントの試みは、しかし、ほとんど本気でとりあげることはできない。一つの箱の内部空間によって具体化される詰めこみの可能性は、箱自体およびその箱に詰められる対象物と同じ意味で対象的である。

学で空間を根本概念として扱うことの妨げにはならなかった。）水銀気圧計の真空が突きつけられて、最後のデカルト主義者たちもついに武装解除されてしまった。しかしこの原初段階でさえも、空間概念または独立した実在物と考えられる空間に、何か不満足なものがこびりついていたことは、否定さるべきことではない。

空間（箱）の中に物体がどのように詰められるかという技法は、三次元ユークリッド幾何学の主題であるが、その公理的構造は、それが本来経験可能な状況に関連していることを、容易に思い違いさせるのである。

さて上にスケッチした方法で、箱を〈一杯にする〉経験に関連して空間概念を構築する場合、それは何よりもまず一つの**区切られた**空間なのである。だが、この**限定性は本質的でないように思える**。というのは、見かけ上、つねにより大きな箱を導入して、より小さな箱を包みこんでいるようにできるからである。それゆえ、空間は無限定なもののように見える。

ここで私は、空間の三次元性と〈ユークリッド性〉についての理解が（比較的原初の）経験にさかのぼることを論ずるつもりはなく、物理的思考の発展における空間概念の役割を、別の視点から考察しようと思うのである。

小さいほうの箱 s が大きいほうの箱 S の空洞内部に相対的に静止状態にある場合、s の空洞は空洞 S の部分であり、それらの二つを含む同一〈空間〉は二つの箱に属している。しかしsがSの内部で運動している場合には、その理解はそれほど単純なものではなくなる。そのさいsはつねに、同一空間、しかし空間Sの変化する部分を包含している、と考えがちである。だがその場合には、やむをえずそれぞれの箱にこれらの特別な（区切られているとは考えられない）空間を割りふり、さらにこれら二つの空間がたがいに運動していると仮定する必要がある。

このような錯綜に気づくようになる前は、空間は一つの限定された、物的対象がそこで泳ぎ回れる媒体（容器）と思われた。しかしいまや、たがいに運動状態にある無限に多くの空間が存在する、と考えなければならない。事物とは独立な客観的存在者としての空間という概念は、すでに科学以前の思考に見られるが、たがいに運動している無数の空間が存在するという観念は、そうではない。後者の観念はたしかに論理的に避けがたいが、科学的思考においては、それ自体長いことなんら注目すべき役割も演じなかったのである。

しかし、時間概念の心理学的起源はどうであろうか？　この概念は疑いなく〈想起〉という事実に、また同様に感覚体験およびその想起との区別に関連している。感覚体験と想起（あるいはたんなる表象）との区別が何か心理学的な直接所与であるかどうかということは、それ自体問題とすべきことである。だれでも何かを感覚的に体験しているのか、それともたんに夢みているのか、疑惑にかられた体験はあるはずである。

おそらくこの区別は、まず、順序づける悟性の働きとして行なわれる。〈現在の体験〉にくらべて〈もっと前〉と見なされる一つの体験が、〈想起〉に関連して並べられる。（考えられている）体験についてのこの概念的な順序づけの原理が、その実行可能性によって主観的時間概念、すなわち個人体験の順序づけに関連する時間概念を生むきっかけを与えるのである。

時間概念の客観化について、その例をあげよう。Aという人（〈私〉）が〈稲光りする〉ことを体験する。そのさいAはまたBという人の振舞いを、その〈稲光りする〉ことの自分の体験とそれを関係づけて、体験する。こうしてAが〈稲光りする〉という体験をBに添付することになる。Aにとっては、〈稲光りする〉という体験を自分以外の人たちもまた分かちあっているという理解が成り立つ。〈稲光りする〉ことはいまやもう個人的な体験ではなく、他の人たちの体験として（あるいは結局たんに〈潜勢的体験〉として）理解される。こうして、もともと〈体験〉として意識状態に入りこんだ〈稲光りする〉ということが、いまやまた（客観的）〈事象〉（event）として把握される、という理解が成り立つ。われわれが〈外的実在世界〉について語るとき考えているることは、すべての事象の包括である。

われわれは、すでに見たように、われわれの体験に一つの時間的順序をつぎのように与えたいように感じる。すなわちβがαより後でγがβより後ならば、γはαより後である（〈諸体験〉の序列）。われわれが体験に添付した事象は、この点においてはどうなっているのだろうか？　体験の時間的な順序と一致する事象の時間的な順序が存在すると仮定することは、まず第一に明らかなことである。これはまた一般に意識せずになされており、疑惑の念が有力になるまでつづく。*

世界の対象化を達成するには、さらにもう一つ補足の構成的観念、すなわち事象は、時間においてばかりでなく空間においても局所化されている、という観念が必要である。

前の節で、空間、時間および事象という概念が、心理学的な関係において、体験とどう組み合わされるかを叙述しようと努めた。論理的に考察すれば、それらの概念は人間知性の自由な創造物であり、諸体験につながりをもたらし、それによってよりよく体験を考察するのに役立つ思考の道具なのである。これらの基本概念の経験的根源を自覚しようとする試みは、われわれが事実上どの程度、これらの概念と結ばれているかを示すことにほかならない。こうして、われわれはおのれの自由を意識するようになる。必然の場においてその自由を賢明に使用することは、つねに困難な仕事であるが――。

空間‐時間‐事象という概念（それらを心理学畑からの概念と対照的にもっと短く〈空間様《よう》〉と呼びたい）の心理学的起源に関係したこのスケッチに、さらにまだ補足すべ

* たとえば聴覚で得られた体験の時間順序は、視覚的に得られた時間順序とは区別できる。したがって、事象の時間順序を体験の時間順序と簡単に同一視することはできない。

き本質的なことがある。われわれは空間概念を、箱およびその中に物的対象を詰めこむことに関する体験と結びつけてきた。したがってこの概念形成は、物的対象という概念（たとえば〈箱〉）をすでに前提としている。同様にして、客観的な時間概念の形成のために導入されなければならなかった人格も、この関係において物的対象の役割を果たしている。それゆえ、物的対象の概念形成は、われわれの時間と空間についての概念に先行しなければならないように、私には思われる。

これらの空間様概念はすでに、心理学畑からの痛み、目標、目的等々といった概念とともに、すべて前科学的思考の所産である。一般自然科学の思考もそうだが、物理的思考とは、原則として〈空間様〉概念**だけ**ですませようと努め、それでもっていまやすべての法則的関係を表現しようと励むのを特色としている。物理学者は色や長さを振動に還元しようとし、生理学者は思考や苦痛を神経過程に還元するのだが、そのさいそのようなものとして心的なものは存在者の因果関係からは消去され、したがって因果の連鎖において独立な環としてそれがどこにも現われないようにするのである。すべての関係にもっぱら〈空間様〉の概念だけを適用し、理解することが原理的に可能であると考えるこのような立場は、まさに今日〈唯物論〉ということで理解されているものである。（というのは、〈物質〉は基本的概念としての役割を失ってしまっているからである。）

自然科学的思考の根本概念をプラトン的オリンピアの野から引きおろし、その地上的由来を暴露しようとすることがどうして必要なのだろうか？　この概念をそれにこびりついているタブーから解放し、そうすることでその概念形成により多くの自由を獲得するためである、というのがその答えである。この批判的な意識を導入したのは、なんといってもヒュームとマッハの不滅の功績である。

科学は空間、時間、物的対象（重要な特殊ケースである〈固体〉とともに）という概念を前科学的思考から受け継ぎ、厳密にし、修正してきた。それらの最初の重要な成果は、ユークリッド幾何学の発展であった。その公理的形式化にまどわされて、その経験的起源（固体の詰めこみ可能性）を忘れてはならない。とくに空間の三次元性は、そのユークリッド的性質も同様だが、経験的起源をもつのである（等しく作られた〈球〉の例がこのことを完璧に示している）。

空間概念の繊細さは、完全な剛体が存在しないという発見によってさらに高まった。すべての物体は弾性的にひずみ、温度変化によってその体積を変えるのである。したがって、ユークリッド幾何学によって可能な配置が記述されるはずのその空間構造は、物理学の内容から切り離しては与えられないのである。しかし物理学は、その概念を確立するにあたってかならず幾何学を利用しなければならないのだから、幾何学の経験的要素は物理学全体の枠組みにのみ示され、検出されうるのである。

原子論も、無限の分割可能性という理解も、これに関連して考えられなければならない。というのは、原子下レベルの延長をもつ空間は測定しきることができない。また原子論は、原理的に、固体の鋭く静的に定義された境界表面という観念を放棄することを迫る。厳密にいえばマクロの領域においてさえも、固体の詰めこみ可能性に関する独立な法則などは存在しないのである。

それにもかかわらず、空間概念を放棄しようとはだれも考えなかった。というのは、その卓抜さが確証されている自然科学全体の系において、それが不可欠のように思えたからである。マッハは十九世紀に空間概念の消去について、真剣に思索したただ一人の人であったが、それは現時点におけるすべての質点間の距離の総和という概念でそれを置き換えようともくろんだのであった（彼はこの試みを、慣性について満足すべき理解を得るために行なった）。

場

ニュートン力学においては、空間と時間が二重の役を演じている。第一は、物理的な出来事のにない手あるいは枠組みとしてであり、事象は、それに関係づけて空間座標と時間によって記述されるのである。物質は原理的に〈質点〉からなるものと考えられ、それらの運動が物理的な出来事を形成するのである。物質が連続的なものと考えられるときは、それは離散的構造を記述するつもりがないか、あるいはできないような場合に、いわば一時的なものとして行なわれるのである。少なくともたんに運動が問題であって、それを運動に還元することはさしあたって不可能であるか、目的にかなっていないような出来事（たとえば温度変化や化学過程）が問題になっていないかぎり、その場合にのみ、物質の小部分（単位体積）は質点と同じように扱える。空間と時間の第二の役割は〈慣性系〉としてであった。慣性系は、考えられうるすべての基準系の中で、それに関して慣性の法則が有効であることを要請する点で優れていると考えられる。

そのさい本質的なことは、体験する主体とは独立に考えられている〈物理的実在〉が、一方では空間と時間から、他方では空間と時間に関して運動し、持続的に存在する質点からなると把握された——少なくとも原理的に——ということである。空間と時間が独立に存在するという考えは、つぎのように劇的に表現できる。すなわち、たとえ物質が消えるとしても、空間と時間だけはそのあとに残っているであろう（物理的事象の一種の舞台として）。

この立場を克服するには、まず空間-時間問題とは無関係のように見えた一つの発展が突破口となった。すなわち**場の概念**の登場、およびその、原理的に粒子概念(質点)

と置き換わろうという最後通牒、である。古典物理学の枠組で物質を連続体として扱う場合に、場の概念が補助概念として登場した。たとえばある固体の熱伝導を考察するさい、その状態は、物体の各点に各定時刻における温度を与えることによって記述される。数学的には、それはこういう意味である。すなわち、温度Tは空間的座標と時間tの数式（関数）として表わされる（温度場）。熱伝導の法則は、熱伝導のすべての特殊例を包含する一つの場所的関係（微分方程式）として表わされる。ここでは、温度は場の概念の簡単な一例にすぎない。それは、座標と時間の関数である一つの量（あるいは量の複合体）である。もう一つ別の例は、ある液体の運動を記述する場合である。各点に各時刻に合わせてある速度があり、それはある基準系の軸に関する三つの〈成分〉によって量的に記述される（ベクトル）。ある点における速度の成分（場の成分《コンポーネント》）は、ここでもまた座標（x、y、z）と時間（t）の関数である。

ここでいう場は、ある重さの質量の内部でしか生じないのが特徴である。すなわち、その場はただこの物質の状態を記述するにすぎない。どこにも物質が存在しなかった場合には、また場も――場の概念の成立の歴史に従えば――存在しえなかった。だが十九世紀最初の四半世紀において、弾性的な固体における力学的振動場と完全に類比する波動場として光を把握するとき、光の干渉と運動の現象が驚くべき明確さをもって解明できることがわかったのである。こうして、重量のある物質が不在でも、空虚な空間に存在しうる場というものを導入する必要が感じられるようになった。

この一撃は、一つの背理的《パラドキシカル》な状況を生んだ。というのは、場の概念はその起源に従えば、ある重さをもつ物体内部での状態を記述するように制約されていたからである。すべての場が力学的に解釈できる状態として把握されるはず――それは物質の現存在を前提としていたが――と確信していたから、このことはそれだけより確固たるものに思えたのである。そこで、これまで空虚なものとして認識されていた空間全体にも、〈エーテル〉と呼ぶある物質の存在を仮定せざるをえないように思われた。

物質的な担い手の設定を仮定することから場の概念が解放される過程は、物理的思考の発展における心理学的にもっとも興味ある過程に属することである。十九世紀の後半に、ファラディとマックスウェルの研究に関連して、電磁気現象の場による記述が質点力学の概念を基礎とする取り扱いよりはるかに優っていることが、だんだん明瞭になってきた。場の概念を電気力学に導入することによって、マックスウェルは電磁波の存在を予言することに成功した。その電磁波が光波と根本的に同一であることは、伝播速度の同等性によって疑うことはできなかった。このことによって、光学は原理的に電気力学に吸収されたのである。この重大な成果が生んだ**一つの**心理学的な作用は、場の概念が古典物理学の力学的枠組に対抗して、しだいに大きな独立性を得るようになったことである。

しかし、それにもかかわらずまずはじめに自明と見なされたのは、電磁場がエーテルの状態として暗示されねばならないということであった。そしてたいへんな熱心さでもって、この状態を力学的なものとして解明しようとしたのである。この努力はまずつねにつまずいたので、しだいにそのような力学的解釈を放棄することに慣れてきたのである。しかしなお、電磁場はエーテルの状態であるという信念が、つねにこびりついていた。これが世紀の変わり目における状況であった。

エーテル説は、つぎの、重さをもつ物体に対する力学的関係という点でエーテルはどのように振舞うのか、という問題を提示した。それは物体の運動に参加するのか、あるいは、その部分はたがいに相対的に静止しているのだろうか？　この疑問に決着をつけるために、多くの機智に富む実験が行なわれた。これに関連した重要な事実として、地球の年周運動（公転）にともなう恒星の〈光行差〉とか〈ドップラー効果〉（恒星の相対運動が、われわれのところに達する既知の放出振動数をもつ光の振動数に及ぼす影響）もまた、問題になった。これらの事実と実験の諸結果は（ただ一つ、マイケルソン-モーリーの実験をのぞいて）、H・A・ローレンツによって、エーテルは重さをもつ物体の運動には参加しないこと、エーテル全体の各部分はたがいに相対運動をしないこと、という仮説のもとに説明されたのである。エーテルは、いわば絶対静止空間の体現者のように思われた。しかし、ローレンツの探求はさらにそれ以上のことをやり遂げた。当時知られていた、重さをもつ物体内部における電磁気的および光学的過程を、重さをもつ物質が電場に及ぼす影響（およびその逆）は物質の小部分がその小部分の運動とともにある電荷を運ぶことのみに帰すべきだ、という仮定のもとに説明したのである。マイケルソンとモーリーの実験については、H・A・ローレンツは、その結果が少なくとも静止エーテルの理論と矛盾するものではないことを示した。

だが、このような華麗なあらゆる成果にもかかわらず、その理論の地位は十分に満足すべきものではなかった。というのは、つぎの根拠からであった。古典力学が非常に高い近似をもって成り立つということは疑いえないことであり、それは自然法則の定式化に対して、すべての慣性系（あるいは慣性空間）の同等性（すなわちある一つの慣性系から別の慣性系への変換に関する自然法則の不変性）を教えている。電磁気と光学の**実験**も、同じことをかなりの精度で教えていた。しかし電磁気**理論**の基礎は、ある特定の慣性系、すなわち静止した光エーテルのそれが優先されることを教えていた。このような理論的基盤の理解は、まったくあまりにも不満足なものであった。古典力学のように、慣性系の同等性（狭義の相対性原理）を正しいとするような修正はありえなかったのだろうか？

この疑問への答えが特殊相対性理論である。それは、空虚な空間における光速度一定の前提を、マックスウェル-ローレンツの理論から受け継いでいる。これを慣性系の同等性（狭義の相対性原理）と調和させるには、同時性の絶対的性格を放棄しなければならない。そしてさらに、ある一つの慣性系から別の慣性系への移行には、時間と空間座標に関するローレンツ変換に従うべきである。特殊相対性理論の全容は、自然法則はローレンツ変換に関して不変である、という公準に包括されている。この要請の重要性は、可能な自然法則をそれが一定の方法で制約している点にある。

では、特殊相対性原理は空間問題に対してはどういう立場にあるのか？　まず第一に、実在についての四次元性がこの理論によってはじめて新しく導入されたとする見解には、用心しなければならない。古典力学においても、事象（event）は四つの数によって、つまり三つの空間座標と一つの時間座標によって位置が決められる。すなわち物理的〈事象〉の総体は、一つの四次元連続多様体に埋めこまれていると考えられる。しかし古典力学によれば、この四次元連続体は客観的に一次元の時間と三次元の空間的切断に分解し、後者だけが同時の事象を包含するのである。この分解は、すべての慣性系についても同じくあてはまる。一つの慣性系に関する二つの特定事象の同時性は、すべての慣性系に関するこれら事象の同時性を含む。古典力学の時間が絶対的というとき、このようなことが含意されているのである。特殊相対性理論によれば事情は異なる。眼に捉えられたある事象と同時である事象の全体は、たしかに特定の慣性系に関して存在するのだが、しかし、もはや慣性系の選択とはかかわりなしにあるわけではない。四次元連続体はもはや、客観的にすべての同時な事象を含む切断へと分解はしない。すなわち、空間的に拡がった世界にとって〈いま〉はその客観的な意味を失っているのである。空間と時間は、その客観的な関係内容を無用な便宜的な気ままさを持ちこまずに表現するならば、四次元連続体として客観的に分解することなく把握されねばならないことは、以上のことと関係するのである。

特殊相対性理論がすべての慣性系の物理的同等性を明示したことから、静止しているエーテルという仮説は支持しえないことが証明された。それゆえ、電磁場がある物質的なにない手の状態として把握されるべきだ、という考えは放棄されねばならなかった。こうして場は、物理学的記述においてそれ以上還元不能で、ニュートン理論における物質の概念と同じ意味でもはや別のものに帰しようもない要素になるのである。

ここまでのところわれわれは、特殊相対性理論によって空間と時間の概念がどの程度修正されたか、ということに注意を向けてきた。しかしいまやわれわれは、この理論が古典物理学から採ったあの（経験的）要素をしっかと見定めておきたい。またここでは自然法則は、時間的記述の根底に慣性系が置かれている場合にのみ、正当性を主張しうるのである。ただ**慣性系**に関してのみ、慣性の原理と光速度一定の原理があてはまるべきなのである。場の法則もまた、**慣性系**に関してのみ意味と妥当性を要求できる。古典力学におけるようにまたここでも、空間は物理的実在を表現する独立成分である。（慣性）空間——またはもっと正確にいえば、その一部をなす時間こみの空間——は、物質と場が除かれたと考えられる場合でもそのあとに残っているのである。この四次元構造（ミンコフスキー空間）は、物質と場のにない手と考えられる。慣性空間はそれに付属する時間とともに、線型なローレンツ変換によって相互に結びつくように、四次元基準系のうちでもとくに選ばれたものである。この四次元構造には〈いま〉を客観的に表わす切断はもはや存在しないから、生起とか生成という概念は、たしかにまったく棚上げされたわけではないが面倒にはなっている。それゆえ物理的実在を、これまでのように三次元的存在の**生成**として考えるかわりに四次元的存在として考えるほうが、ずっと自然であると思われる。

特殊相対性理論のこのような静止四次元空間は、H・A・ローレンツの静止三次元エーテルのいわば四次元類似体《アナロゴン》である。この理論についてもまた、つぎの言明——すなわち、空間が前から与えられていて、独立に存在しているものであることを、物理的状態の記述においては前提にしている——があてはまる。したがってこの特殊相対性理論もまた、〈空虚な空間〉という、自立した、まさにア・プリオリな存在にまつわるデカルトの不安を除いていない。この疑念が一般相対的理論によってどこまで克服できるかを示すことが、ここで初歩的な検討をしてきた本来の目的なのである。

一般相対性理論における空間概念

この一般相対性理論は、まず第一に、慣性質量と重力質量の同等性を捉えようとの努力の結果生まれてきたものである。その空間が、物理的に空虚である慣性系S_1からまず出発する。すなわち、目に見えるその空間のどの部分にも、(普通の意味での)物質も特殊相対性理論の意味での場も存在しないとする。S_1に対して等加速度運動している第二の基準系S_2があるとすれば、S_2はもはや慣性系ではない。S_2に関して検出されるすべての質量は等加速度運動をしており、それらはその物理的・化学的性質とはまったく無関係である。またS_2に関して、重力場と——少なくとも第一近似では——区別がつかないようなある状態が成立する。そこに認められる事実関係とつぎの見解とは一致する。すなわち、S_2も〈慣性系〉と同じ価値をもつが一方、そのS_2に関して(均一な)重力場が存在している(その起源についてはこのさい気にしていない)——。したがってその重力場が考察の枠内に含まれてくるとなると、基準系のどの任意な相対運動についてもあの〈等価原理〉が拡張できることを前提としていたから、慣性系はその客観的な意義を失ってしまうのである。この根本思想の上に首尾一貫した理論を打ち立てることができるとすれば、その理論は、慣性質量と重力質量の同等性という経験的に強固な根拠をもつ事実をおのずと満足するものとなろう。

四次元的に考察するならば、S_1からS_2への移行には四つの座標の非線型《ノンリニアー》的な変換が対応する。そこで起こってくるのが、つぎの疑問である。すなわち、どんな種類の非線型的な変換が許されるのか、あるいはどのようにしてローレンツ変換は一般化されうるのか？

この疑問に答えるためには、つぎの吟味がその鍵を与えてくれる。初期の理論の慣性系に与えられた性質は、（静止している）〈剛体の〉測量棒によって座標値の差が、（静止している）時計によって時間差がそれぞれ測定される、というものであった。前者の仮定は、静止している測量棒群が相対的にとりうるどのような姿勢についても、ユークリッド幾何学の〈線分〉についての諸定理があてはまる、という仮定によって補完される。特殊相対性理論の結果から、われわれは初歩的な考察によって、慣性系（S_1）に対して相対的に加速している基準系（S_2）については座標の直接的、物理的な解釈が失われる、と結論する。しかしこの場合には、座標はもはや〈隣りあうもの《ネーベンアイナンダー》〉の順序を（およびそれとともに空間の次元数も）表現するだけで、空間の計量的《メトリッシュ》性質を示さない。こうして、変換が任意の連続変換*に拡張されるようになる。これは一般相対性原理を意味する。自然法則は、座標の任意な連続変換に関して共変《コバリアント》でなければ

*　この表現方法は厳密ではないが、ここでは十分であろう。

ならない。この要請は（可能なかぎり法則が論理的に単純であることの要請と結びついて）、考察の対象である自然法則を、特殊相対性原理とくらべて比較にならないほど強く拘束する。

　この思考過程は、本質的に独立な概念としての場に根拠を置いている。というのは、S_2に関して存在する関係が重力場として解釈され、そのさいこの場を産む物質が存在するかどうかという疑問が提出されることはない。この思考過程からまた、なぜ純重力場の法則が、一般的性質をもつ場の法則（たとえば電磁場が存在するようなとき）よりも一般相対性の理念と結びついたか、が理解できるのである。すなわちわれわれは、〈場と無関係な《フェルトフライ》〉ミンコフスキー空間が自然法則上可能な特殊ケース、しかも考えられるもっとも単純な特殊ケースを表現している、という仮定に十分な根拠をもっている。そのような空間は、その計量的な特性について、$dx_1^2+dx_2^2+dx_3^2$はある単位測量棒で測った無限に近傍な二点間の空間的なへだたりの平方であり（ピタゴラスの定理）、一方dx_4は共通項（x_1、x_2、x_3）をもつ二つの事象の、適当な時計で測られた時間的なへだたりである、ということによって特徴づけられる。このことはつづめていえば――ローレンツ変換の助けを借りて容易に示されるように――量

$$ds^2 = dx_1^2 + dx_2^2 + dx_3^2 - dx_4^2 \quad \cdots\cdots(1)$$

には一つの客観的な計量的な意味が与えられるということになる。数学的にはこの事実に、ds^2がローレンツ変換に関して不変であることが対応している。

さて、この一般相対性原理の意味における空間にある任意な連続座標変換を施すとすれば、新座標系における客観的に重要な量は、つぎの式によって表わされる。

$$ds^2 = g_{ik}\,dx_i\,dx_k \cdots\cdots\cdots\cdots\cdots\cdots\cdots\cdots \text{(1a)}$$

ここで添字記号iとkについて1と1、1と2、…から4と4まですべての組み合わせの総和をとる。ただしg_{ik}はここでは定数ではなく、任意に選ばれた変換によって決まる座標の関数である。にもかかわらず、g_{ik}は新座標の任意な関数ではなく、式(1a)が四つの座標の連続変換によってふたたびもとの式（1）に変換されうるような、まさにそのような関数なのである。このことが可能であるためには、関数g_{ik}は、B・リーマンが一般相対性理論の成立の五〇年以上も前に導いておいたある一般共変条件式を満足しなければならない（リーマン条件）。等価原理によれば、（1a）はg_{ik}がリーマン条件を満足するとき、一般共変式におけるある特殊な形の重力場を記している。

したがって、一般的な性質をもつ純重力場についての法則は、以下の諸条件を満足しなければならない。リーマン条件が満たされれば満足されねばならないが、リーマン条件よりは弱く、したがって制約もそれほど強くない。このようにして、純重力場の法則は実用的には十分に決定されるが、このことはここでもっと詳細に確定すべきことではない。

さて一般相対性理論への移行が、空間概念をどの程度まで修正するのかを眺める準備ができた。古典力学に従えば、そして特殊相対性理論に従っても、空間(空間-時間)は物質あるいは場に対して独立な存在である。〈空間を満たしているもの〉つまり座標によって決まるものが一般に記述可能であるためには、空間-時間あるいはその計量的性質をもつ慣性系が、すでに以前から存在しているものと考えられなければならない。そうでなければ、〈空間を満たしているもの〉の記述は意味がないものとなるからである。* それに対して一般相対性理論に従えば、空間は、その〈空間を満たしているもの〉すなわち座標によって決まるものに対して、別個な存在ではない。たとえば重力方程式を解くことによって、純重力場をあの g_{ik} で（座標の関数として）記述したとしてみよう。重力場すなわち関数 g_{ik} が除去されたと考えるならば、(1)型の空間の如きものは残らない、一般に**何も**残らないばかりでなく〈位相空間〉も残らないのである。なぜならば関数 g_{ik} は場を記述するだけではなく、同時にまた多様体の位相的・計量的構造の諸性質を記述するからである。(1)型の空間は、一般相対性理論の意味するところでは、場のない空間のようなものではなく、g_{ik}（そこに適用された、それ自体客観的な意味をもたない座標系についての）が座標とは無関係な値をとる g_{ik} の特殊例なの

*　空間を満たしているもの(たとえば場)が除去されると考えても、それでもなお計量空間は、その空間に導入される検出物体の慣性的振舞いを規定する式(1)に合うような形で残存する。

である。すなわち、空虚な空間つまり場のない空間は存在しない。

それゆえ、デカルトが空虚な空間の存在を締め出さねばならないと信じたとき、それほど間違えていたわけではなかった。その考えはもっぱら重さをもつ物体に物理的実在を見るかぎり、たしかにばかげているように見える。実在の表現者としての場の概念は、一般相対性理論と結びついて、はじめてデカルトの〈場のない〉空間は存在しないという概念の真の核心を示しているのである。

重力理論の一般化

(1)に従う〈場と無関係な〉ミンコフスキー計量空間が一般場の法則と一致することを期待してもよいはずだから、一般相対性理論にもとづく純重力場理論は容易に得られる。重力の法則は、何らの任意さも含まないような一般化によって、この特殊例から導かれる。重力理論のさらなる発展は、一般相対性理論によってそれほど一義的には決められないのである。すなわち、それはこの一〇年間さまざまな方向で探求されている。これらすべての探求に共通していることは、物理的実在を場として把握すること、そのさいこの場は重力場の一般化であり、場の法則は純重力場についての法則の一般化であるということ、である。いまや私は、長い模索の末にこの一般化のためのもっとも自然な形式を見いだしたと信じているが、これまでのところ、この一般化された法則が、経験事実に照らして耐えられるかどうかを明らかにすることはできないでいる。*

特別な場の法則についての問いかけは、上記の一般的な考察では二の次である。現時点での主要問題は、ここで注目している類の場の理論が要するに目標に達することができるかどうか、ということである。このさい、物理的実在を（四次元空間を含めて）場によって余すところなく記述する理論が念頭にある。今日の物理学者世代はこの問いかけに否と答える傾きがある。すなわち彼らは、量子論の現行の形式に関連して、ある系の状態は、その系について得られる測定結果の統計的表示によって、直接的ではなく、間接的にのみ特徴づけることができる、と信じている。つまり、実験的に確かめられた自然の二重性（粒子構造と波動構造）は、そのような実在概念の薄弱化によってのみ得られるとする確信が有力である。私は、そのような広範な理論的棄権は、さしあたりわれわれの現実の知識によって裏づけられていないと考えるし、相対論的場の理論の道を終りまでたどろうと考えることをみずから妨げてはならない、と考える。

* その一般化はつぎのように特徴づけることができる。g_{ik} の純重力場は、空虚な〈ミンコフスキー空間〉から導かれる場合には、$g_{ik}=g_{ki}$（$g_{12}=g_{21}\cdots$）という対称性の性質をもつ。一般化された場はほかの点では同じ性質だが、このいわゆる対称性の性質はもっていない。場の法則の導出は純重力の特殊例の導き方と完全に類似している。

訳者後記

本書はSammlung Vieweg（フィーヴェーク叢書）の一冊として、ドイツのブラウンシュバイク市のFriedr. Vieweg & Sohn社から出版されている『特殊および一般相対性理論について』（*Über die spezielle und die allgemeine Relativitätstheorie*）の全訳である。

アインシュタイン（Albert Einstein, 一八七九年三月十四日〜一九五五年四月十八日）自身が一般向けにその難解な相対性理論の全容をほとんど数式なしで解説したただ一つの啓蒙書であるが、たんなる解説でなく、その革新的な思想の根底にある論理の構造をかみくだいて白日のもとにさらしている点で、科学哲学的にも尽きせぬ興味を与えている。

とくに巻末の付記5として収められている「相対性と空間の問題」は、死の三年前の一九五二年に書きあげ最終版（十五版）に追加したもので、一段と本書の価値を高くしている。翻訳の底本にしたドイツ語版（一九六五年）のまえがきには見られないが、ローソン（Robert W. Lawson）による英訳本（*Relativity: The Special and the General Theory*, Methuen & Co. Ltd., 1962）には、「第十五版へのノート」と題するアインシュタインのことばが載っているので、ここに全訳しておこう。

この版には、空間問題一般、および相対論的観点の影響を受けて次第に生じたわれわれの空間観念の修正に関する私の見解を、第五付録としてつけ加えてある。私は、時間-空間が、かならずしも物理的実在である現実の対象から離れた、別の存在とすることができるものではないことを示したいと思った。物理的対象は**空間の内にあるのではなく**、**空間的に拡がっている**のである。こうして〈空虚な空間〉という概念はその意味を失うのである。

一九五二年六月九日

A・アインシュタイン

本書の初版は一九一七年、執筆は一九一六年である。

一九〇五年に三つの独創的論文(光量子仮説、ブラウン運動論、特殊相対性理論)で世界の物理学界に一大衝撃を与えたのは、アインシュタイン二十六歳の時である。一九〇五年三月十七日に始まって六月三十日までの一五週間に、この三論文は *Annalen der Physik* に寄稿されている。まだスイス、ベルン市の特許局に勤める技師にすぎなかった。第三論文(特殊相対性理論、原題は「運動物体の電気力学について」)の価値を、その年のうちに認めたベルリンのマックス・プランクは、助手のマックス・フォン・ラウエに命じて翌年夏ベルンを訪問させているが、ラウエは会うまで、アインシュタインがベルン大学にいるものとばかり思っていた、というエピソードがある(Banesh Hoffmann : *Albert Einstein*, 1972, The Viking Press, New York にくわしい)。念願がかなって、将来の大学教授への道につながるベルン大学の私講師の地位を得たのが一九〇八年(その前年には質量とエネルギーを結びつける$E = mc^2$の式を発見している)、チューリッヒ大学の員外教授となったのが一九〇九年(この年やっと一日八時間勤務の特許局を辞任している)、チューリッヒ工科大学正教授は一九一二年である。その間一年半ばかりプラハのドイツ大学教授を勤め、一般相対性理論の構想をまとめあげていった。

特殊相対性理論では、すべての物理法則がローレンツ変換に対して不変であるといっても、〈慣性系において〉という制限があった。この制限をとり払って、相対的に加速度運動をするようなあらゆる座標系について物理法則が不変な形をとるように一般化したのが、一般相対性理論で、これは一九一五、一六年に重力場の方程式となって結実した。このときすでに、アインシュタインはプランクらの要請で帝室プロイセン科学アカデミー会員に選ばれ、ベルリンのカイザー・ウィルヘルム研究所で一九一三年末、ベルリン大学教授待遇職についている。

本書が執筆されたときの一九一六年は、一般相対性理論の発表直後にあたる。第一次世界大戦（一九一四〜一八年）の硝煙が、ヨーロッパを席巻していたときであった。戦時下のドイツは紙不足で、初版発行部数は少なかったらしい。しかも付記もない七〇ページほどの小冊子である。しかし反響はすさまじかった。科学界から一般の社交界にまでこの話題は拡がり、敗色濃い戦争末期の一九一八年五月に政府の協力で紙がかき集められ、第三版三〇〇〇部が刷られた。このとき、付記の「ローレンツ変換の簡単な導き方」と「ミンコフスキーの四次元世界」が追加された。英訳本が出たのが一九二〇年、日本語訳も一九二一年（大正一〇年）に『相対性原理講話』（桑木彧雄、池田芳郎共訳、岩波書店）として出ている。

この岩波本は一九二〇年の第十版の全訳だが、付記は第十版に追加された3の一部「スペクトル線の赤方変移」までしかない。大正一〇年七月五日に初刷が出てから一カ月たらずで六刷を数えているから、大いに売れたことは間違いない。今回の翻訳にあたって、一通り原本と照合してみたが、脱漏や誤植がかなり見られるものの、教えられる点も多かった。先人の労にこの場で感謝しておきたい。と同時に、翻訳という作業の孤独な厳しさを改めて肝に銘じた次第である。なお岩波本には、わが国の原子物理学の父長岡半太郎の八ページにわたる序文がついている。これには大正九年イギリスやアメリカを歴訪したときのこと（アメリカではクリーブランドの応用科学校で、はじめてマイケルソンとモーリーが使用した干渉計を見学している）を書いているが、「アインスタインは近頃の評判人物である。相対性原理を知らぬ人でもアインスタインの名を知って居る」（原文のまま）と冒頭にある。アインシュタインが改造社の招きで約一カ月半にわたって日本各地で講演し、熱狂的な歓迎を受けたのは、それから間もない大正十一年（一九二二年）末のことである。

当時の相対論ブームは世界的なもので、アメリカの科学誌 *Scientific American* の編集部は、数式を使わないで三〇〇〇語内外で難解な相対性理論の解説をするという条件で、懸賞五〇〇〇ドルをかけて論文を募集した。これは一九二一年二月五日号に発表され、無名のイギリス人 L. Bolton が当選したが、その邦訳は同年六月号の『天文月報』（十四巻五号）に豊島慶彌訳で出ている。簡にして要を得たもので興味深い。

アインシュタインが訪日した当時の詳細については、拙著『アインシュタイン・ショック』全二巻（河出書房新社、一九八一年刊、一九九一年に新装版）に纏めることができた。また、アインシュタインのマニュスクリプトや蔵書、日記の類に至るまで一切が一九八〇年代半ばにプリンストンからエルサレムに移管されたが、NHKの協力も得てその資料解析、とりわけ蔵書調査に取り組むこともできた。その所管先であるヘブライ大学にすでに五回足を運んでいる。アインシュタイン・アーカイブの管理責任者も、その間にすでに二代目になっていたが、初代の主が、私の訳書が一冊アインシュタインの蔵書中にあることを知って、十数冊束ねてある原本の一冊を記念にと渡してくれた。これは一九六五年刊で、第二十版だから、もちろんアインシュタインが亡くなって一〇年後に出たことになる。しかし装幀などは昔と変わらないし、帯つきのままである。

一九九一年、新装版を出すにあたって、全面的に訳文を再チェックし、毎ページに朱筆を加え、より精確にすると同時に読みやすくすることを心がけた。旧版は横組みであったが、その機会に縦組みに変え、題名も、『わが相対性理論』から原題そのままの『特殊および一般相対性理論について』に変えた。『わが相対性理論』は、この種の本としてはすでにかなりの部数を出すことができたが、改題と改装でまた新たな読者にこの本が読まれるようになることを期待したのである。

その折り読み直して、改めて痛感したのは、相対性理論の解説としては本書の右に出るものはない、ということである。アインシュタインは、本書を書くにあたって、実際に相対性理論を構築していった順序を追って綴っていく旨、記しているが、それだけに、本書を熟読すれば、アインシュタインの思考過程をそれほど数学的負担なしに追跡できるはずである。

また、最近大学生向け読書案内のアンケートに本書を挙げておいたが、その理由として、一人の天才的な科学者が新たな理論を構築するときの思考経路を本書を通じて辿りながら、いかに根本的な哲学的吟味を時間空間の概念に加えていったものか、追体験してほしいからと書いた。優れた科学者は優れた思想家でもある証左をこの書は示していると思うからである。

二〇〇四年八月

訳者

たとえ索引

ハ

ヒ

フ

ヘ

ホ

マ

索引

訳者紹介

金子　務（かねこ・つとむ）

一九五七年、東京大学教養学部教養学科科学史・科学哲学分科卒業。読売新聞記者、中央公論社編集者をへて、現在、大阪府立大学総合科学部・同大学院文化学課程教授。科学思想史専攻。著書『アインシュタイン・ショック』（河出書房新社）で第三回サントリー学芸賞受賞。他に『思考実験とはなにか』（講談社ブルー・バックス）など。訳書『自然のパターン』（スティーヴンズ著　白揚社）『技術・科学・歴史』（カードウェル著　河出書房新社）『科学エリート』（ズッカーマン著　玉川大学出版部）など多数。

訳者紹介

金子　務（かねこ・つとむ）
1957年、東京大学教養学部教養学科科学史・科学哲学分科卒業。読売新聞記者、中央公論社編集者を経て、現在、大阪府立大学名誉教授、国際日本文化研究センター共同研究員、放送大学客員教授。1981年に著書『アインシュタイン・ショック』（河出書房新社）で第3回サントリー学芸賞受賞。ほかに『ジパング江戸科学史散歩』（河出書房新社）、『宇宙像の変遷と人間』（放送大学教育振興会）、『アインシュタイン劇場』（青土社）など多数。訳書はウェブスター『パラケルススからニュートンへ』（監訳、平凡社）、キャシディ『不確定性』（監訳、白揚社）ほか多数。

ISBN978-4-8269-0120-8

特殊《とくしゅ》および一般《いっぱん》相対性《そうたいせい》理論《りろん》について［新装版］

二〇〇四年十月十日　第一版第一刷発行
二〇二〇年一月三十日　第一版第五刷発行

著者　アルバート・アインシュタイン
訳者　金子《かねこ》　務《つとむ》
発行者　中村幸慈
発行所　株式会社　白揚社　
東京都千代田区神田駿河台一―七　郵便番号一〇一―〇〇六二
電話＝(03)五二八一―九七七二　振替〇〇一三〇―一―二五四〇〇
装幀　岩崎寿文
印刷所　中央印刷株式会社
製本所　株式会社　ブックアート

L・レーダーマン／C・ヒル著　小林茂樹訳

対称性

レーダーマンが語る量子から宇宙まで

すべての物理法則を規定する「対称性」とはなにか？　エネルギーの保存則やネーターの定理、相対性理論、量子力学、クォークとレプトンなどを物理になじみのない読者にもわかりやすく解説した名著、待望の刊行。　四六判　468ページ　本体価格3200円

L・レーダーマン／C・ヒル著　吉田三知世訳

詩人のための量子力学

レーダーマンが語る不確定性原理から弦理論まで

ノーベル賞物理学者が、物質を根底から支配する不思議な量子の世界を案内する。　基本概念から量子コンピューターの応用まで、数式をほとんど使わずにやさしい言葉で説明した、だれもが深く理解できる量子論。　四六判　448ページ　本体価格2800円

マルセロ・グライサー著　藤田貢崇訳

物理学は世界をどこまで解明できるか

真理を探究する科学全史

実用面では数えきれないほどの大成功をおさめてきた物理学が、いまだに宇宙の真理を見つけ出せないのはなぜか？　科学の歴史、物理法則、人間の認知から浮き彫りになる限界を通して、物理学がもつ本当の力をとらえなおす。　四六判　390ページ　本体価格2500円

バリー・パーカー著　藤原多伽夫訳

戦争の物理学

弓矢から水爆まで兵器はいかに生みだされたか

弓矢や投石機から、大砲、銃、飛行機、潜水艦、さらには原爆や水爆にいたる兵器はどのように開発されたのか？　戦争の様相を一変させた驚異の兵器とそれを生みだした科学的発見を多彩なエピソードとともに解説する。　四六判　432ページ　本体価格2800円

マーク・ブキャナン著　熊谷玲美訳　高安秀樹解説

市場は物理法則で動く

経済学は物理学によってどう生まれ変わるのか？

市場均衡、合理的期待、効果的市場仮説…これまで経済学が教えてきた考えでは、現実の市場は説明できない。数々のベストセラーで、物理学の視点から人間社会を見事に読み解いてきた著者が経済学の常識に鋭く斬り込む。　四六判　420ページ　本体価格2400円